Bibliographie

der an den

deutschen Technischen Hochschulen

erschienenen

Doktor-Ingenieur-Dissertationen

in sachlicher Anordnung.

1900 bis 1910.

Bearbeitet von

Carl Walther.

Mit einem Vorwort von Professor W. Franz, Charlottenburg
und einem Anhang enthaltend

1. Vergleichende statistische Übersichten über die in den Jahren 1900 bis 1910 erfolgten Doktor-Ingenieur-Promotionen,
2. Promotionsordnungen der deutschen Technischen Hochschulen.

Springer-Verlag Berlin Heidelberg GmbH
1913

Additional material to this book can be downloaded from http://extras.springer.com

ISBN 978-3-642-90519-3   ISBN 978-3-642-92376-0 (eBook)
DOI 10.1007/978-3-642-92376-0

Softcover reprint of the hardcover 1st edition 1913

Inhalts=Verzeichnis.

Vorwort.

Durch Allerhöchsten Erlaß vom 11. Oktober 1899 ist den Technischen Hochschulen Preußens das Recht eingeräumt worden: 1) auf Grund der Diplom-Prüfung den Grad eines Diplom-Ingenieurs (Dipl.-Ing.) zu erteilen, 2) Diplom-Ingenieure auf Grund einer weiteren Prüfung zu Doktor-Ingenieuren zu promovieren, und 3) die Würde eines Doktor-Ingenieurs auch Ehren halber als seltene Auszeichnung an Männer, die sich um die Förderung der technischen Wissenschaften hervorragende Verdienste erworben haben, nach Maßgabe der in der Promotionsordnung festzusetzenden Bedingungen zu verleihen.

Dem Beispiele des Königs von Preußen sind die übrigen in Betracht kommenden Bundesfürsten gefolgt, so daß bald darauf sämtliche Technischen Hochschulen Deutschlands (heute 11 an der Zahl) mit der einheitlichen Kennzeichnung ihrer Akademiker das gleiche Recht und zugleich auch weitgehende Einheitlichkeit der Studienpläne und Prüfungsordnungen (Freizügigkeit der Studierenden) erlangt haben.

Aber nicht allein darin liegt die hohe Bedeutung des Vorganges.

Mit dem alten Jahrhundert hatte der erste große Abschnitt in der unvergleichlich raschen Entwickelung der Technischen Hochschulen sein Ende erreicht; mit dem neuen Jahrhundert mußten sie als gleichwertige und deshalb gleichberechtigte Pflegestätten der Wissenschaft und der Geistesbildung an die Seite der älteren Hochschulen, der Universitäten, treten. Die Technische Hochschule sollte fortan ein ebenbürtiger Teil der obersten Bildungsstätte des Landes sein — sie muß **mit ihr die Universität** sein.

In diesem Sinne ist besonders die Verleihung des Promotionsrechtes zu deuten und zu würdigen.

»Ich wollte die Technischen Hochschulen in den Vordergrund bringen, denn sie haben große Aufgaben zu lösen, nicht bloß technische, sondern auch große soziale« — mit diesen Worten an die Rektoren der preußischen Hochschulen hat S. M. der Kaiser die Mission der neuzeitlichen Bildungsstätten weiterhin gekennzeichnet und daran die Aufforderung geknüpft: »Wenden Sie sich daher auch mit aller Kraft den großen wirtschaftlichen und sozialen Aufgaben zu«.

Diese Aufgaben erforderten einen größeren Rahmen, freiere Entfaltungsmöglichkeit und die Weitung des Wissenschaftskreises.

In der ganzen hundertjährigen Geschichte der Technischen Hochschulen ist kein Vorgang von so großer Bedeutung, kein Eingriff einer willensstarken Persönlichkeit von so rascher und segensreicher Wirkung gewesen, wie der Erlaß des Königs von Preußen vom 11. Oktober 1899. Das ist vielleicht am besten aus der Fülle der wissenschaftlichen Arbeiten zu erkennen, die die junge Generation in dem ersten Jahrzehnt seiner Wirkung geleistet hat und die in der vorliegenden Bibliographie erstmalig zusammengestellt wurden.

Bis zum Schluß des Kalenderjahres 1910 haben ca. 13 000 Studierende die Technischen Hochschulen als Diplom-Ingenieure verlassen. Bis zu dem gleichen Zeitpunkt sind 1274 Diplom-Ingenieure zu Doktor-Ingenieuren promoviert worden. Diese Zahl erscheint besonders hoch, wenn man bedenkt, daß der Doktorprüfung die Ablegung der Diplom-Hauptprüfung (und letzterer wieder die der Diplom-Vorprüfung) vorausgehen muß; aus ihr spricht aber auch ein tiefer Ernst des geistigen Strebens und ein hoher Mut des Könnens, der die junge Mannschaft auf den von unserem Kaiser gewiesenen Wegen sicher vorwärts schreiten läßt — nicht bloß zur Lösung der technischen, sondern auch der wirtschaftlichen und der sozialen Aufgaben, die ebenso wie die ersteren wissenschaftliche Vertiefung verlangen.

Wer die hier zusammengestellten Dissertationen nur flüchtig sichtet, wird zwar unter der erdrückenden Fülle des Technischen die Anfänge nicht ohne weiteres erkennen, die hinüberleiten zu einer Zeit, in der der Begriff der technischen Arbeit ohne den der wirtschaftlichen und sozialen nicht denkbar ist. Daß diese Anfänge schon in der Ernte der ersten Dekade vorhanden sind, wird jeden älteren Techniker mit Genugtuung erfüllen; können wir doch hieraus die Hoffnung schöpfen, daß das starke wissenschaftliche Streben der neuen Generation auf die Festigung des nationalen Wohlstandes und die Sicherung des sozialen Friedens gerichtet ist.

Prof. W. Franz-Charlottenburg.

Vorbemerkung.

Die vorliegende Bibliographie umfaßt die Dissertationen derjenigen Doktor-Ingenieure, deren Doktor-Diplom vor dem 1. Januar 1911 datiert ist. An die Stelle des Studienjahres wurde das Kalenderjahr gesetzt und dadurch sowie durch die Einordnung der Dissertationen in die einzelnen Kalenderjahre auf Grund der Datierung des Doktor-Diploms (als des zeitlichen Abschlusses der Promotion) eine einheitliche und eindeutige Abgrenzung des Materials erreicht. Die Abgrenzung nach dem Erscheinungsjahr der Dissertationen konnte nicht durchgeführt werden; sie würde zudem ein unzutreffendes und unsicheres Bild ergeben haben, da eine feste Übung hinsichtlich des Erscheinens der Dissertationen nicht besteht, diese vielmehr zu ganz verschiedenen Zeitpunkten und häufig erst jahrelang nach erfolgter Promotion erscheinen. Man wird daher auch in der Bibliographie eine nicht unerhebliche Zahl von Dissertationen finden, die erst im Laufe der Jahre 1911 und 1912 erschienen sind; das zugehörige Doktor-Diplom ist in diesen Fällen stets vor dem oben angegebenen Zeitpunkte datiert.

Die Bibliographie soll in erster Linie praktischen Zwecken dienen. Deshalb wurde für ihre Anordnung eine möglichst eingehend gegliederte Systematik gewählt und durch alphabetische Register für die weitere Erschließung des Inhalts gesorgt. Außerdem wurde versucht nachzuweisen, welche Dissertation etwa vollständig oder auszugsweise in Zeitschriften, als Sonderabdrücke, Teile von Sammelwerken oder sonst im Buchhandel erschienen sind. In 50 % der Fälle gelang ein solcher Nachweis.

Für die Ordnung der Dissertationen innerhalb der Abteilungen des Systems blieb, wie gesagt, das Erscheinungsjahr unberücksichtigt, sie geschah vielmehr chronologisch nach der Datierung des Doktor-Diploms und innerhalb der gleichen Jahre alphabetisch. Jedem Titel sind am Rande Hochschule und Jahreszahl in abgekürzter Form beigefügt, z. B. A 03, d. h. die Dissertation ging von Aachen aus, das zugehörige Doktor-Diplom trägt die Jahreszahl 1903.

Die Aufnahme der Titel erfolgte, von kleinen Abweichungen abgesehen, in der gleichen Weise wie bei den »Jahresverzeichnissen der an den deutschen Universitäten erschienenen Schriften«, für die ihrerseits die »Instruktionen für die alphabetischen Kataloge der preußischen Bibliotheken« maßgebend sind. Hierzu sei folgendes bemerkt: Fehlende oder unvollständige Vornamen der Verfasser wurden überall ergänzt. Auf dem Titel vorkommende Klammern wurden durch Winkelklammern ⟨ ⟩ wiedergegeben; Ergänzungen oder Zusätze, die der betreffenden Dissertation selbst entnommen werden konnten, wurden in

1

runde Klammern ( ), solche aus anderen Quellen in eckige Klammern [ ] eingeschlossen. Die Unterscheidung von Verleger und Drucker wurde derart getroffen, daß Name bezw. Firma des Verlegers v o r, des Druckers h i n t e r die Jahreszahl gestellt wurde. »München: Oldenburg 1905« bedeutet also: die Dissertation ist in München im Verlag von Oldenbourg 1905 erschienen. »Berlin 1908: L. Schumacher« bedeutet: die Dissertation ist in Berlin 1908 bei L. Schumacher gedruckt. Ist bei einem Zusatz über das Erscheinen im Buchhandel kein Jahr genannt, so handelt es sich um das im Erscheinungsvermerk bereits genannte Jahr. Ist im Erscheinungsvermerk ein Verleger genannt, so wurde auf eine Wiederholung des Erscheinens im Buchhandel durch Zusatz verzichtet. Die Seitenzählung erfolgte auf Grund der letzten Ziffer jeder Paginierung. Bei der Blattzählung wurden nur bedruckte Blätter gezählt. Tafeln, Tabellen, Karten usw. außerhalb der eigentlichen Darstellung wurden stets besonders gezählt. Das Format wurde gemäß der preußischen Instruktion nach der Höhe der Druckschriften bestimmt mit

8^0: bis 25 cm

4^0: über 25 bis 35 cm

2^0: über 35 bis 45 cm

gr. 2^0: über 45 cm.

Im Falle der Abweichung hiervon wurde jedoch immer auch die hergebrachte bibliographische Formatbezeichnung auf Grund der Bogenfaltung in runden Klammern hinzugefügt.

Für die Hochschulen wurden folgende Abkürzungen eingeführt:

A = Aachen   Dr = Dresden

Be = Berlin   H = Hannover

Brn = Braunschweig   K = Karlsruhe

Dz = Danzig   M = München

Dst = Darmstadt   S = Stuttgart

Dr/F = Dresden in Verbindung mit Freiburg i. Sa.

Die sonstigen Abkürzungen erklären sich von selbst.

———— · ——

Den Stellen, die das Zustandekommen der Arbeit wesentlich gefördert haben, sei an dieser Stelle gedankt: den Hochschulverwaltungen für die mannigfach erteilten Auskünfte, der Bibliothek der Technischen Hochschule zu Berlin für die stets bereite Hilfe bei der Beschaffung und Bereitstellung des bibliographischen Materials, dem Senat der genannten Hochschule und dem Verein deutscher Ingenieure für ihr finanzielles Eintreten, das die Drucklegung und würdige Ausstattung ermöglichte.

Berlin, Ende Oktober 1912.

Carl Walther.

Systematische Übersicht.

1*

Systematische Übersicht.

Systematische Ubersicht in alphabetischer Anordnung.

Alphabetisches Verzeichnis der Verfasser.

1. Fortlaufend für sämtliche Hochschulen.

(Die Zahlen verweisen auf die Nummern der Bibliographie.)

Abraham, Richard 812
Adam, Julius 47
Adam, Otto 1096
Adam, Richard 313
Adler, Franz 1023
Adler, Josef D. 704
Ahrle, Hermann 161
Aichel, Ordulf Georg 32
Aichel, Oswald 139
Albrecht, Richard 1156
Albrecht, Rudolf 351
Alexander, Johann 1145
Allner, Woldemar 140
Alt, Eugen 117
Altmann, Eugen 1258
Altmayer, Viktor 631
Amann, Max 235
Amberg, Richard 141
Andrae, Walter 804
Andres, Karl 34
Ans, Johann d' 142
Anthes, Hugo 726
Anton, Alfred 1181
Antonaz, Aldus 314
Ardan, Alexander 415
Arldt, Conrad 1078
Arlt, Willy 123
Arnoldi, Heinrich 147
Attensperger, Albert 67
Auerbach, Herbert 626

Baechler, Max 315
Baer, Herbert 975
Baldamus, Max 1247
Bamberg, Raimund 265
Bandow, Erich 200
Barten, Ernst 1259
Barten, Hermann 973
Barth, Alfred 799
Bartz, Karl 1092
Bartz, Rudolf 416
Bastian, Richard 939

Bauer, Max 281
Bauer, Otto 1240
Bauersfeld, Walther 966
Baumann, Fritz 522
Baumann, Morand Leo 375
Bauwens, Franz 1081
Beck, Erich 162
Beck, Hans 148
Beck, Jakob 571
Becker, Ernst 30
Becker, Georg Albert 462
Becker, Hermann 1205
Becker, Leonhard 1086
Becker, Wilhelm 169
Beckmann, Erich 1069
Behr, Heinrich v. 822
Behrens, Wilhelm 201
Belschner, Gustav 665
Bendemann, Friedrich 48
Berblinger, Hans 266
Bereza, Stanislaus 463
Berg, Friedrich 728
Berlowitz, Max 58
Berner, Otto 720
Bernhard, Friedrich 904
Bernhard, Rudolf 216
Bertschinger, Hermann 1253
Beutner, Reinhard 582
Beyer, Arthur 572
Beyer, Kurt 869
Beyschlag, Heinrich 376
Biebrach, Kurt 805
Biel, Rudolf 28
Bieńkowski, Stanislaw v. 1264
Binder, Ludwig 1100
Birkenstock, Otto 929
Birstein, Gustav 583
Blaeß, Viktor 1037
Blankenberg, Ferdinand 578
Blich, Julius 170
Bloch, Ignaz 542
Bloch, Leopold 1138
Blome, Hermann 1206

Blum, Otto 1248
Bock, Ernst 735
Bock, Hermann 129
Bock, Paul 282
Böhler, Otto 1170
Boericke, Felix 556
Boeters, Oskar 223
Böttcher, Carl 781
Böttcher, Hans 614
Böttcher, Martin 688
Bogisch, Alfred 377
Bohny, Friedrich 924
Bohrmann, Ludwig 378
Book, Gilbert 236
Boos, Eduard 864
Bornemann, Ferdinand 537
Borth, Walther 1005
Bosch, Eberhard 237
Bosch, Johann Baptist 915
Bossel, Gustav N. 417
Bräutigam, Max 1228
Brandes, Friedrich 1084
Brandt, Paul 21
Brandt, Paul 829
Brandt, Paul 1178
Braun, Ernst 37
Braun, Otto 464
Breitwieser, Wilhelm 418
Briling, Nikolai 1009
Brodal, Peter 379
Broniatowski, Heinrich 238
Bruch, Reinhard 1224
Brück, Oswald 239
Brückmann, Alexander 1141
Bub, Karl 566
Bublitz, Erich 1221
Bucher, Willy 715
Büchner, Karl 997
Bültemann, August 557
Büttner, Georg 708
Burger, Paul 573
Burgmann, Robert 748
Bussjäger, Herrmann 465

2. Getrennt nach Hochschulen.

Aachen.

Amberg, Richard 141
Bartz, Karl 1092
Bauwes, Franz 1081
Beck, Erich 162
Becker, Hermann 1205
Brandt, Paul 1178
Bruch, Reinhard 1224
Christie, Grahame M. 380
Denker, Wilhelm 1161
Dondorff, Jakob 733
Esser, Friedrich 1167
Essich, Eugen 24
Felser, Hans L. 1207
Fischer, Arthur 558
Fluhr, Robert 72
Forstmann, Richard 1165
Freise, Friedrich 7
Geiger, Carl 1172
Geilenkirchen, Theodor 1173
Gillhausen, Werner G. 1219
Glinz, Karl 1034
Goerens, Paul 1187
Graumann, Carl Artur 1229
Günther, Emil 1171
Gutowsky, Nikolaus 1209
Hardebeck, Carl 126
Harkort, Hermann 633
Hecker, Hermann 1261
Hellmann, Emil 1101
Hensen, Caspar 531
Hilgenstock, Karl 1164
Höhle, Heinrich 801
Huppertz, Wilhelm 1174
Immenkötter, Theodor 109
Köhler, Gustav 64
Kühle, Josef 1093
Lambris, Gustav 594
Laval, Leo 1232
Lehmer, Carl 1183
Liesching, Theodor 1211
Maurer, Eduard 1201
May, Richard 487
Müller, Albert 1202
Nathusius, Hans 1216
Oberhoffer, Paul 1217
Oberschuir, Ewald 1272
Ott, Gotthilf 1225
Peetz, Ludwig 1175

Petersen, Otto 1188
Pfeil, Joseph Theodor 214
Pirlet, Joseph 880
Plenske, Ernst 689
Pütz, Paul 1186
Putsch, Albert 70
Quasebart, Karl 1234
Randhahn, Walther 1255
Rummel, Kurt 1003
Salm, Eduard 624
Schlösser, Paul 1176
Schöppe, Willi 79
Schütz, Ernst 1231
Seiler, Carl 1168
Spielmann, Friedrich 1077
Springorum, Friedrich 1213
Stadeler, August 1194
Stockem, Lorenz 554
Thomas, Felix 1238
Thomas, Friedrich 1223
Vierschilling, Aloys 81
Voissel, Peter 1020
Warlimont, Felix 1236
Weidmann, Carl 1004
Weiwers, Johann 669
Werner, Ch. Albert 1132
Weyl, Fritz 1215
Wolff, Paul 1227
Zahn, Walter 983

Berlin.

Alexander, Johann 1145
Anton, Alfred 1181
Arldt, Conrad 1078
Auerbach, Herbert 626
Bandow, Erich 200
Barten, Ernst 1259
Bauersfeld, Walther 966
Becker, Leonhard 1086
Behr, Heinrich v. 822
Bendemann, Friedrich 48
Berlowitz, Max 58
Bernhard, Friedrich 904
Bertschinger, Hermann 1253
Biel, Rudolf 28
Bieńkowski, Stanislaw v. 1264
Birkenstock, Otto 929
Blome, Hermann 1206
Blum, Otto 1248

Böhler, Otto 1170
Boeters, Oskar 223
Book, Gilbert 236
Bräutigam, Max 1228
Braun, Otto 464
Brück, Oswald 239
Bublitz, Erich 1221
Celichowski, Kasimir 352
Chrzanowski, Wieslaw v. 1033
Claus, Carl 1260
Collet, Emil 240
Cordier, Wilhelm von 39
Crain, Rudolf 18
Dahmen, Reiner 382
Danaila, Negoitza 419
Dietrich, Max 938
Doehne, Konrad 22
Drawe, Rudolf 974
Ellon, Kurt 995
Engelskirchen, Peter 135
Faber, Paul 149
Finkelstein, Alfons 1024
Foerster, Ernst 1055
Friedmann, Ignatz 1190
Geitmann, Hans 1265
Gensecke, Wilhelm 972
Giller, Wilhelm 888
Glawe, Alfred 227
Gümbel, Ludwig 1267
Hanemann, Heinrich 1198
Hanszel, Hubert 1016
Harwich, Gerhard 940
Haslinger, Carl 385
Havestadt, Christian 889
Heine, Bruno 1249
Heinel, Carl 1044
Heller, Wilhelm 836
Herz, Paul 290
Hilpert, August 751
Hilpert, Georg 1082
Hochschild, Heinrich 38
Hölscher, Uvo 823
Höniger, Walter 740
Hoening, Carl 947
Hollaender, Josef 430
Horn, Fritz 1066
Hoyer, Emil 207
Jahn, Johannes 1060
Jastrow, Fritz 1050

Jordan, Franz 1026
Jung, Adalbert 1210
Kahnert, Paul 1199
Kassel, Georg 1182
Kellermann, Heinrich 184
Klein, Georg 960
Klönne, Theodor 1268
Klose, Georg 902
Koch, Richard von 1140
Koch, Waldemar 1269
Kohlmeyer, Ernst J. 1200
Kollmann, Ernst 136
Korthals, Wilhelm 945
Kramer, Erwin 933
Kropf, Fritz 296
Krüger, Walter 736
Kürth, Alfred 734
Kumpmann, Walter 1230
Kusch, Max 1006
Kyrieleis, Wilhelm 896
Lampe, Erich Hermann 604
Landsberger, Felix 482
Lepiarczyk, Victor 1235
Lichtenstein, Leon 1114
Lieber, Max 1139
Linnenbrügge, Hans 1061
Loebel, Avram 484
Luft, Max 335
Lukaszczyk, Jacob 1166
Majerczik, Wilhelm 1118
Mann, Ludwig 879
Mardus, Georg 587
Mattersdorf, Wilhelm 1254
Matthaei, Wilhelm O. 1056
Meyer, Friedrich 909
Meyer, Georg J. 1113
Meyer, Kurt 815
Michaelis, Kurt 437
Möller, Paul 1046
Moll, Friedrich 1062
Morck, Emanuel 1109
Müller, Arno Otto 52
Müller, Julius 153
Müller, Paul 1152
Nicolaus, Georg 757
Nova, Max 825
Nugel, Karl 1191
Oder, Moritz Wilhelm 1250
Osthoff, Max Heinrich Phi-
    lipp 943
Ozorovitz, Naftaly 252
Peiseler, Gottlieb 1273
Philippi, Heinrich 1233
Philips, Moritz 1180
Pockrandt, Willy 1025
Praetorius, Paul 1063

Probst, Emil 919
Pröll, Arthur 1057
Puppe, Johann 1052
Purper, Emil 1030
Quensell, Hermann 443
Reichel, Walter 935
Reissner, Hans Jakob 858
Renker, Max 535
Riebensahm, Paul 1041
Rieppel, Paul 1007
Rindl, Max 444
Roemmelt, Josef 957
Rötscher, Felix 1002
Roth, Paul 723
Rülf, Benno 963
Ruppel, Friedrich 831
Sachsenberg, Ewald 33
Sadlon, Alfred 1222
Saklatwalla, Byramji 1193
Schapira, Carl 115
Scheibner, Richard 840
Schenck, Rudolf 78
Schlesinger, Georg 746
Schmidt, Rudolf 1067
Schmiedt, Friedrich 596
Schneider, John J. 738
Schoeneich, Hugo 1068
Schürmann, Eugen 1027
Schulte, Wilhelm 591
Schultz, Clarence B. 1054
Schwabach, Max C. G. 29
Seidner, Michael, 1134
Sell, Hans 191
Siemann, Richard 1064
Singer, Felix 192
Smissen, Heinrich van der 159
Sobbe, Carl 753
Stauber, Georg 969
Stauch, Adolf 1059
Steffe, Hermann 1195
Stockfisch, Karl 505
Struve, Henry 897
Thele, Walter 1058
Theusner, Martin 1197
Thielsch, Max 453
Thomsen, Kurt 1214
Trucksaess, Hans 411
Tuckermann, Ernst 981
Unger, Otto 1226
Wagner, Gustav 1108
Waldeck, Karl 1220
Weiller, Paul 1204
Weitbrecht, Martin 878
Wendt, Karl 699
Wenger, Albert 1014
Wentzel, Fritz 639

Wenzel, Georg 262
Werner, Paul 684
Werner, Siegfried G. 1022
Wienecke, Carl 918
Wilms, Otto 1189
Wolff, Albert 263
Wolff, Justus 458
Wommelsdorf, Heinrich 107
Zablinsky, Karl 513
Zillgen, Joseph 944

Braunschweig.

Baldamus, Max 1247
Bock, Paul 282
Desamari, Kurt 420
Diethelm, Hans 926
Eberlein, Wilhelm 134
Ehlers, Hermann 893
Feinmann, Isidor 424
Feyerherm, Paul 942
Franke, Max 426
Gerecke, Karl 845
Gleye, Rudolf 1266
Hartmann, Ernst 288
Hartmann, Robert 27
Hartwig, Ludwig 289
Hinz, Richard R. 852
Jaeger, Paul 245
Idaszewski, Kasimir S. 560
Kissin, Schmul-Juda 432
Köppen, Karl von 615
Kunschert, Franz 138
Lawaczeck, Franz 955
Leiner, Franz 894
Lindemann, Wilhelm 863
Lindner, Bernhard 434
Lipski, Jakob 644
Lulofs, Warner 111
Lutzau, Gustav v. 228
Lux, Emil 393
Maier, Johann 212
Marx, Karl 361
Masur, Tobias 394
Müller, Otto 395
Müller, Paul 872
Nachtweh, Alwin 1043
Natalis, Friedrich 1129
Neugebohrn, Karl 1079
Okada, Harukichi 491
Pfotenhauer, Hermann 336
Pöthig, Otto 848
Prochnow, Adolf 713
Puttkammer, Georg 397
Rummler, Otto 887
Runne, Ernst 496
Runne, Hermann 497

2*

Becker, Wilhelm 169
Berblinger, Hans 266
Bereza, Stanislaus 463
Beutner, Reinhard 582
Birstein, Gustav 583
Bloch, Leopold 1138
Bock, Hermann 129
Bohrmann, Ludwig 378 .
Brandt, Paul 21
Broniatowski, Heinrich 238
Czeija, Karl 1122
Dexheimer, George 1133
Dyckerhoff, Kurt 422
Eberle, Fritz 318
Ehrenberg, Kurt 855
Engler, Adalbert 202
Erlinghagen, Carl 8
Eschmann, Max 173
Fleischmann, Fritz 574
Fonda, Gorton R. 182
Fraenckel, Alfred 1146
Friedenthal, Karl Paul 802
Galluser, Hans 1120
Gedel, Louis 696
Goffin, Oskar 269
Gottlob, Harry 621
Grether, Hans 36
Gsell, Martin 1208
Gutman, Emil 826
Hallo, Hermann S. 1160
Halmai, Béla 428
Havas, Béla 691
Heiligenthal, Roman Friedrich
Hempel, Hubert 709   [782
Hempelmann, August 729
Henseling, Friedrich 323
Heuser, Emil 429
Heymann, Stanislaw 243
Hirschkind, Wilhelm 175
Hörth, Franz 671
Holdermann, Karl 662
Hollenweger, Wilhelm 273
Holwech, Wilhelm 641
Jacobi, Ernst 941
Jonas, Edward 1147
Jordan, Friedrich 1098
Kačer, Filip 208
Kahn, Max 1070
Kauko, Yrjö 652
Kinsky, Josef J. 634
Kleiner, Erich G. 701
Klonowski, Sigismund 602
Köhler, Emil Johannes 65
Koehler, Georg Wilhelm 954
Koenig, Adolf 627
König, James 145

Krassa, Paul 636
Krawinkel, Wilhelm 898
Krieger, Alfred 249
Kröner, Hermann 979
Levi, Richard 391
Liese, Kurt 110
Linker, Arthur 1143
Liska, Josef 1094
Löb, Albert 568
Ludin, Adolf 1262
Lutz, Reinhold 976
Makowetzky, Alexander 653
Manns, Jacob 299
Marguerre, Fritz 1111
Martin, Friedrich 177
Mehlis, Heinrich 934
Meier, August 676
Meuth, Hermann 19
Meyer, F. Wilhelm 1115
Mitrofanoff, Benjamin 595
Morden, Gilbert W. 589
Moritz, Eduard 830
Neovius, Werner 365
Niebuhr, Herman 1088
Niiranen, Weikko 623
Oesterlin, Hermann 990
Ottenstein, Simon 1074
Pick, Waldemar 146
Platou, Eilif 654
Plüddemann, Werner 705.
Radt, Martin 1105
Räuber, Erwin 278
Rehfus, Wilhelm 956
Richardt, Franz 616
Ripke, Otto 678
Ritzmann, Friedrich 730
Rodewald, Gustav 167
Routala (Rosenqvist) Oskar
Russ, Rudolf 552   [446
Ružička, Leopold 498
Sack, Michael 547
Schachenmeier, Wilhelm 882
Schick, Karl 553
Schimrigk, Friedrich 1095
Schleuning, Wilhelm 772
Schohl, Max 372
Seeger, Max 1239
Seeligmann, Franz 342
Seer, Christian 373
Spanier, Eugen 408
Speithel, Robert 503
Statz, Paul 1242
Staus, Anton 953
Stegmüller, Philipp 629
Steinkopf, Wilhelm 345
Stern, Oscar 1153

Stoll, Hermann 1243
Stuckert, Ludwig 647
Stübinger, Otto 788
Terres, Ernst 452
Ugrimoff, Boris von 1135
Voigt, Alexander 731
Wallem, Harald 1245
Warth, Carl 638
Weber, Friedrich A. 168
Weis, August 310
Werkmeister, Otto 181
Weyl, August 621
Witzeck, Rudolf 133
Witzmann, Walter 160
Wöhler, Paul 630
Wolokitin, Arkady 195

München.

Adam, Julius 47
Aichel, Oswald 139
Alt, Eugen 117
Amann, Max 235
Antonaz, Aldus 314
Arnoldi, Heinrich 147
Attensperger, Albert 67
Baer, Herbert 975
Bartz, Rudolf 416
Bastian, Richard 939
Bauer, Max 281
Bauer, Otto 1240
Baumann, Fritz 522
Beck, Hans 148
Beck, Jakob 571
Belschner, Gustav 665
Bernhard, Rudolf 216
Beyschlag, Heinrich 376
Binder, Ludwig 1100
Bloch, Ignaz 542
Bosch, Eberhard 237
Bub, Karl 566
Burgmann, Robert 748
Bussjäger, Hermann 465
Dachs, Julius 381
Dafinger, Eduard 971
Daunderer, Alois Anton 118
Deinlein, Wilhelm 1010
D'Elia, Alceo siehe: Elia
Demeter, Adolf 1179
Deuerling, Oswald 90
Dickert, Eugen 538
Döderlein, Gustav 1042
Dolder, Eugen 992
Dorfmüller, Gustav 421
Dreyfus, Ludwig 1149
Ebner, Eduard 85
Ecker, Karl 550

Egerer, Heinrich 870
Elia, Alceo D' 423
Endrös, Anton 82
Endrös, Ludwig 124
Engelhardt, Theodor 172
Erber, Josef 225
Erfle, Heinrich 113
Faehr, Paul 632
Feistmann, Fritz 425
Fernekeß, Karl 98
Fiechter, Ernst R. 798
Fink, Wolfram 63
Flachslaender, Joseph 203
Flessa, Franz 284
Förg, Karl 15
Föttinger, Hermann 951
Frangopol, Dumitru 467
Frankau, August 1241
Franz, Friedrich 427
Fraunberger, Fritz 567
Fraunberger, Georg 108
Frei, August 99
Freitag, Max 539
Frentzel, Alexander 76
Freytag, Ludwig 862
Friedrich, Conrad 16
Früh, Michael 749
Gassenmeyer, Eduard 73
Gatterbauer, Josef 681
Geiger, Arthur 102
Geitz, August 620
Geys, Karl 673
Goetz, Hans 977
Gröber, Heinrich 119
Günther, Ludwig 618
Gutmann, Salomon 355
Habermehl, Karl 100
Häusser, Friedrich 45
Hage, Hans 5
Haller, Stanislaus 1
Harster, Richard 530
Hartig, Otto 83
Hartmann, August 690
Hauenstein, Leonhard 321
Hauser, Friedrich 130
Hauser, Gottfried 543
Heilbronner, Wilhelm 322
Herbst, Waldemar 889
Hermann, Ludwig 516
Herold, Ignaz 144
Herpich, Hans 91
Herramhof, Heinrich 685
Herrle, Hanns 584
Herrmann, Georg 585
Herrmann, Max 206
Herzfeld, Eugen 386

Herzog, Gustav 291
Heydenreich, Adolf 89
Heydenreich, Karl 651
Hiendlmayr, Adolf 155
Hinlein, Erwin 1097
Hirschauer, Franz 1102
Höfle, Jakob 68
Höhn, Fritz 163
Hoerner, Karl 1103
Hofer, Georg 293
Hofmann, Karl 244
Hohenner, Heinrich 6
Hommel, Gustav 1151
Huber, Franz Josef 87
Hübner, Hanz 59
Hübsch, Karl 25
Huldschiner, Gottfried 1126
Jakob, Fritz 586
Jakob, Max 1083
Jaufmann, Josef 120
Ichenhäuser, Ernst 295
Iwanowski, Waclaw 710
Kaiser, Hans 176
Kalb, Otto 327
Kaufmann, Ludwig 389
Kayser, Eberhard 431
Keinath, Georg 1158
Kießling, Ludwig 94
Kleemann, Andreas 663
Klein, Sigmund 546
König, Roderich 211
Kohl, Julius Philipp 593
Kohlhaus, Wilhelm 329
Kohn, Franz 635
Kohn, Rudolf 478
Koob, August 964
Kraft, Hermann 248
Kraft, Karl 137
Kuhn, Eugen 390
Kumpfmiller, Alexander 711
Kunst, Friedrich 330
Kunz, Eduard 480
Lahrmann, Otto 185
Landecker, Max 532
Laue, Otto 331
Lay, Emil 186
Leberle, Hans 675
Lederer, Wilhelm 187
Leber, Ernst 515
Lehmann, Richard 166
Lehrburger, Karl 360
Leibu, Josef 666
Lifschütz, Alexander 483
Linde, Richard 46
Linsenmann, Hans 1123
Löbering, Max 333

Löw, Oskar 485
Loewenstein, Ernst 605
Loschge, August 1018
Luftschitz, Heinrich 486
Lutz, Karl Wolfgang 106
Mader, Otto 980
Mai, Alfred 150
Mandelbaum, Robert 157
Martin, Alfred 158
Mathes, Rudolf 562
Mayr, Christian 551
Mayr, Friedrich 1184
Mendheim, Hans 151
Merkel, Heinrich 229
Metzger, Josef 152
Metzger, Karl 188
Michel, Alfred 588
Miller, Martin 677
Mitscherlich, Harbord 579
Moertlbauer, Fritz 682
Mühlbach, Ernst 563
Mühlhofer, Hans 564
Mühlschlegel, Georg 758
Müller, Albert 1202
Müller, Bernhard 518
Müller, Heinrich 438
Müller, Julius 439
Münichsdorfer, Franz 74
Näbauer, Martin 11
Neumann, Eugen 178
Niggl, Ernst 96
Nowak, Alfred 607
Nußelt, Wilhelm 114
Pabstmann, Georg 533
Perl, Alfred 441
Pfeiffer, Friedrich 2
Postius, Theodor 132
Prohaska, Ludwig 97
Purucker, Georg 215
Railing, Adolf 1075
Raum, Johannes 95
Redlich, Béla 493
Regensburger, Paul 664
Reich, Jakob 608
Reidenbach, Rudolf 534
Reindel, Robert 540
Reitinger, Josef 514
Rennebaum, Fritz 337
Reutlinger, Ernst 55
Rhomberg, Victor 255
Richard, Isidor 256
Riedelbauch, Rudolf 154
Rieder, Heinrich 23
Röhler, Robert 368
Röhm, Wilhelm 702
Rosenfeld, Joseph 703

Rothenberg, Siegfried 3
Rothschild, Max 445
Sack, Bernhard 769
Sander, Alexander 447
Schäfer, Ernst 519
Schäffer, Adolf 370
Schärtel, Georg 400
Schaidhauf, Alois 541
Scheidemandel, Julius 570
Scheller, Emil 371
Schenk, Eduard 448
Schenk, Julius 1121
Schertel, Wilhelm 449
Scheufele, Wilhelm 12
Schieder, Heinrich 526
Schleicher, Alwin 707
Schlötter, Max 548
Schlötzer, Adolf 14
Schmidt, Friedrich 778
Schmitt, Theodor 121
Schneider, Ludwig 1019
Schnell, Josef 660
Schuh, Heinrich 190
Schultz, Eduard 93
Schumann, Philipp 258
Schuster, Matthäus 71
Schwab, Georg 305
Schwaiger, Anton 1090
Schwaighofer, Hans 1246
Schwarz, Willy 404
Sedlmayr, Theodor 661
Sendtner, Albert 56
Sensburg, Waldemar 86
Siller, Rudolf 679
Söllner, Fritz 406
Soennecken, Alfred 60
Staeble, Rupert 233
Steidle, Hans Carl 1256
Stimmelmayr, Anton 179
Strell, Martin 527
Stuchlik, Heinrich 66
Stumpf, Carl 610
Surabekoff, Georg 451
Suter, Josef 1244
Székely, Alexander 507
Teichner, Herbert 346
Thoma, Dieter 987
Treubert, Franz 180

Uebelacker, Heinrich 931
Übelbör, Fritz 523
Vervuert, Gottfried 536
Vestner, Hans 528
Vetter, Heinrich 508
Vetter, Theodor 1159
Vicari, Ferdinand 309
Vlachos, Alkibiades 454
Vogel, Emil 61
Vollkommer, Max 84
Wagner, Hans 785
Wagner, Ludwig 625
Waldmann, Anton 611
Waldmann, Karl 1085
Wamsler, Friedrich 57
Weckbach, Franz 612
Weinfurtner, Johannes 92
Weinstein, Jancu 683
Weiss, Georg 521
Weiss, Ludwig 549
Weiss, Ludwig 668
Wengner, Max 1136
Wetsch, Karl 613
Weyrauch, Robert 899
Willich, Hans 765
Wimmer, Robert 221
Winckler, Curt Oscar 512
Wirth, Christian 672
Würth, Karl 695
Zehetmaier, Heinrich 196
Zirngibl, Emil 312
Zorn, Hans 555

Stuttgart.

Berner, Otto 720
Bogisch, Alfred 377
Braun, Ernst 37
Daiber, Ernst 732
Eberbach, Otto 817
Ensslin, Max 721
Färber, Richard 927
Fischer, Ernst 466
Franck, Willy 354
Frank, Hermann 319.
Frank, Wilhelm 856
Fritz, Immanuel 383
Geiger, Otto 468
Gentner, Carl 469

Grieb, Karl 286
Grombach, Adolf 320
Grunsky, Carl Ewald 40
Heinle, Eugen 473
Heintel, Karl 916
Heyd, Theodor 906
Hofmann, Alexander 325
Jetter, Wilhelm 326
Junghans, Erhard 274
Kämpf, Adolf 246
Kirner, Joseph 127
Klein, Albert 4
Koppe, Paul 603
Ladner, Gustav 275
Lamparter, Oskar 481
Leipprand, Fritz 251
Leypold, Karl 332
Lumpp, Hermann 436
Mayer, Fritz 1218
Menzel, Alfred 722
Meyer, Emil 489
Mezger, Robert 362
Moser, Hans 363
Moser, Max 1185
Oesterlen, Fritz 993
Pannwitz, Paul 492
Pay, Erwin de 253
Pfleiderer, Carl 1029
Pilgrim, Heinrich 922
Pulvermüller, Carl 254
Reinert, Eugen 494
Roser, Edmund 950
Schaal, Oscar 399
Schairer, Otto 499
Schall, Richard 340
Schneider, Richard 26
Schumacher, Friedrich 80
Söll, Julius 405
Spoun, Otto 504
Stahl, Hugo 1028
Stockmayer, Hugo 307
Stützel, Hermann 450
Thiem, Günther 31
Unger, Carl 698
Weissel, Leopoldo 511
Widmann, Karl Th. 457
Wiegandt, Friedrich 311
Zimmermann, Karl 883

Bibliographie.

I. Mathematik. Astronomie.

1 Haller, Stanislaus: Untersuchung der Brennpunktskurve eines Kegel-
schnittbüschels mit besonderer Berücksichtigung der gestaltlichen Verhältnisse. Leipzig 1903: Teubner. 42 S. 8°   [M 02

2 Pfeiffer, Friedrich: Über die W-Flächen mit der Relation $2(R_1-R_2)$
$= \sin 2(R_1+R_2)$ zwischen den Hauptkrümmungsradien R_1 und R_2. München
1907: F. Straub. 1 Bl, 60 S., 5 Taf. 8°   [M 07

3 Rothenberg, Siegfried: Geschichtliche Darstellung der Entwicklung der
Theorie der singulären Lösungen totaler Differentialgleichungen von der
ersten Ordnung mit zwei variablen Größen. Leipzig 1908: Teubner. VIII,
86 S., 1 Bl. 8°   [M 07
(Ersch. auch als: Abhandlungen z. Geschichte d. Mathemat. Wissenschaften
mit Einschluß ihrer Anwendungen. Bd 20, H. 3.)

4 Klein, Albert: Die Zeit- u. Breitenbestimmung durch Beobachtung
gleicher Zenitdistanzen mit Hilfe des kleinen Nonienuniversales. Mit
2 Diagr. und 15 Tab. Stuttgart 1908: J. B. Metzler. 2 Bl., 132 S., 2 Taf.
Fig., 14 Taf. Tab. 8°   [S 08

5 Hage, Hans: Über Begrenzungsflächen unendlich dünner Strahlenbündel,
deren Erzeugende gleiche Neigung zum Mittelstrahl haben. Amorbach
1909: Gottlob Volkhardt. 40 S., 1 Taf. 8°   [M 09

2. Vermessungswesen (Geodäsie, Photogrammetrie, Markscheiderwesen).

6 Hohenner, Heinrich: Graphisch-mechanische Ausgleichung trigonometrisch
eingeschalteter Punkte. Stuttgart: Wittwer 1904. 1 Bl., 47 S., 2 Taf. 8°
          [M 04

7 Freise, Fr[ie]d[rich]: Stratameter und Bohrlochsneigungsmesser. Aachen
1906: La Ruelle. 69 S., 3 Taf. 8°   [A 06
[Im Buchh. b. Craz & Gerlach, Freiberg i. Sa. 1906.]
[Ersch. auch in: Organ d. Vereins d. Bohrtechniker, Beiblatt z. Allgem.
österreich. Chemiker- u. Techniker-Zeitung. Jg. 24, 1906.]

8 Erlinghagen, C[arl]: Die Feststellung des Fallens und Streichens von
Tiefbohrlöchern durch Messung. Essen ⟨Ruhr⟩ 1907: Reismann-Grone.
27 S. 4°   [K 07
(Aus: »Glückauf«. Jg. 1907, Nr. 23 und 24.)

9 Hugershoff, Reinhard: Der Zustand der Atmosphäre als Fehlerquelle
im Nivellement. Borna-Leipzig 1907: Noske. 2 Bl., 71 S. 8⁰ [Dr 07

10 Krause, Carl: Beiträge zur Geschichte der Entwickelung der Instrumente
in der Markscheidekunde. Freiberg i. Sa. 1908: Gerlach. VIII, 49 S. 4⁰
[Dr/F 07

11 Näbauer, Martin: Die Bedeutung der Koordinatengeometrie für die Bau-
ingenieur-Technik. Würzburg 1907: H. Stürtz. VI, 93 S. 8⁰. [M 07
(Aus: Zeitschrift d. Bayer. Geometervereins. Bd 11.)

12 Scheufele, Wilhelm: Die Aufgabe der sechs Punkte in der Photogrammetrie. Leipzig 1907: Teubner. 28 S. 8⁰. [M 07

13 Schreiber, Karl Albert: Beitrag zur Berechnung barometrisch bestimmter
Höhenunterschiede. Borna-Leipzig 1907: Noske. 48 S. 4⁰ [Dr 07

14 Schlötzer, Adolf: Der Heliotrop, seine Geschichte, Konstruktion und
Genauigkeit. Würzburg 1909: H. Stürtz. 1 Bl., 58 S. 8⁰ [M 08
(Aus: Zeitschrift d. Bayer. Geometervereins. Bd. 13.)

15 Förg, Karl: Die Bestimmung des Standpunktes und der äußeren Orien-
tierungselemente in der Photogrammetrie bei bekannter innerer Orien-
tierung. Nürnberg 1909: U. E. Sebald. 67 S. 8⁰ [M 09
[Im Buchh. b. J. L. Schrag, Nürnberg.]

16 Friedrich, Conrad: Georg Friedrich Brander und sein Werk. Selbstverlag d. Verf. München [1909]: J. G. Weiss. 55 S. 4⁰ [M 09

17 Haimberger, Paul Freiherr von: Beiträge zur Bestimmung der Strahlen-
brechung über der Meeresfläche. Freiberg i. Sa.: Craz & Gerlach 1910.
45 S. 4⁰ [Dz 10

3. Kinematik (Geometrische Bewegungslehre, Getriebelehre).

18 Crain, Rudolf: Schraubenräder mit gradlinigen Eingriffsflächen. Berlin:
(Springer) 1907. 1 Bl., 47 S. 4⁰ [B 05

19 Meuth, Hermann: Kinetik und Kinetostatik des Schubkurbelgetriebes.
[Berlin] 1905: [Franz Weber]. 1 Bl., 75 S., 6 Taf. 8⁰ [K 05
[Ersch. auch in: Dinglers Polytechn. Journal. Bd 320, 1905.]

20 Schütz, H[einrich]: Beiträge zur Bewegungslehre der ebenen statisch be-
stimmten Fachwerksträger. Hannover 1906: Gebr. Jänecke. 31 S. 4⁰ [H 06
[Ersch. auch in: Zeitschrift f. Architektur- und Ingenieurwesen. N. F.
Bd 11, 1906.]

21 Brandt, Paul: Die rotierende Kurbelschleife und die Schleppkurbel als
Antrieb für Propellerrinnen Berlin: Dietze 1908. 46 S., 1 Bl. 8⁰ [K 07
[Ersch. auch in: Dinglers Polytechn. Journal. Bd 323, 1908.]

22 Doehne, Konrad: Die Bewegungsverhältnisse von Steuergetrieben mit
Schwingdaumen. Berlin 1908: Simion. 1 Bl., 69 S. 4⁰ [B 07
[Ersch. auch in: Verhandlungen d. Vereins z. Beförderung d. Gewerb-
fleißes. Jg. 87, 1908.]

23 Rieder, Heinrich: Untersuchung einer zwei—vierdeutigen kinetographischen Verwandschaft. München 1907: J. Straub. 49 S., 1 Taf. 8⁰ [M 07

24 Essich, Eugen: Über Steuerungsgetriebe mit Wälzhebeln. Berlin 1909:
Simion. 30 S. 4⁰ [A 09
[Ersch. auch in: Verhandlungen d. Vereins z. Beförderung d. Gewerb-
fleißes. Jg. 88, 1909.]

25 Hübsch, Karl: Untersuchung einer kinetographischen Verwandtschaft
    bei speziellen Schleifschiebergetrieben. München 1909: F. Straub. 44 S.,
    2 Taf. 8⁰.   [M 09

26 Schneider, Richard: Die Erzeugung der Stirnräder-Evolventen nach
    dem Wälzverfahren. Heilbronn a. N. 1911: Baier & Schneider. 2 Bl.,
    62 S., 1 Bl., 2 Taf. 8⁰   [S 10

Vgl. auch: 29, 758, 950, 961, 967, 971.

4. Technische Mechanik.

a) Mechanik der festen und tropfbar flüssigen Körper.

27 Hartmann, R[obert]: Beitrag zur Wirbelbewegung. Die Übertragung
    des Quergefälles einer in horizontalem Bogen strömenden Flüssigkeits-
    schicht auf Schichten anderer Höhenlagen ist zu untersuchen. Die
    hierbei abgeleiteten Erscheinungen und Vorgänge sind auf den Strom-
    bau anzuwenden. Braunschweig 1902: (Knauer, Frankfurt a. M.). 31 S.,
    1 Bl. 8⁰   [Brn 02
    [Ersch. auch in: Zeitschrift f. Gewässerkunde. Bd 4, 1901.]

28 Biel, R[udolf]: Über den Druckhöhenverlust bei der Fortleitung tropf-
    barer und gasförmiger Flüssigkeiten. Berlin 1907: (A. W. Schade).
    64 S. 4⁰ (8⁰)   [Be 04
    Ersch. auch als: Mitteilungen über Forschungsarbeiten auf d. Gebiete d.
    Ingenieurwesens. [H. 44.]

29 Schwabach, Max C. G.: Dynamische Theorie der Verschwindelafetten und
    kinematische Schußtheorie. Berlin 1904: (A.W. Schade). 69 S. 4⁰ [B 04
    [Ersch. auch in: Verhandlungen d. Vereins z. Beförderung d. Gewerb-
    fleißes. Jg. 84, 1905.]

30 Becker, Ernst: Strömungsvorgänge in ringförmigen Spalten und ihre
    Beziehungen zum Poiseuilleschen Gesetz. ⟨Mitteilung aus dem Ma-
    schinenlaboratorium B der Technischen Hochschule zu Dresden.⟩ Berlin
    1906: A. W. Schade. 47 S. 4⁰(8⁰)   [Dr 05
    [Ersch. auch in: Mitteilungen über Forschungsarbeiten auf d. Gebiete d.
    Ingenieurwesens. H. 48.]

31 Thiem, G[ünther]: Hydrologische Methoden. Leipzig: J. M. Gebhardt
    1906. 3 Bl., 56 S., 8 Taf. 4⁰(8⁰)   [S 06

32 Aichel, Ordulf Georg: Experimentelle Untersuchungen über den Abfluß
    des Wassers bei vollkommenen Überfallwehren verschiedener Grundriß-
    anordnung. München u. Leipzig: G. Franz 1907. VII, 111 S., 23 Tab.,
    10 Taf. 8⁰   [K 07
    [Im Ausz. in: Zeitschrift d. Vereines deutscher Ingenieure. Bd 52, 1908.]

33 Sachsenberg, Ewald: Über den Widerstand von Schleppzügen. o. O.
    [1907]. 31 S., 10 Taf. 4⁰   [Be 07

34 Andres, K[arl]: Versuche über die Umsetzung von Wassergeschwindig-
    keit in Druck. Berlin 1909: (A. W. Schade). 36 S. 4⁰(8⁰)   [H 08
    [Ersch. auch in: Mitteilungen über Forschungsarbeiten auf d. Gebiete d.
    Ingenieurwesens. H. 76.]

35 Gebers, Friedrich: Ein Beitrag zur experimentellen Ermittlung des
Wasserwiderstandes gegen bewegte Körper. Berlin: »Schiffbau« 1908.
28 S., 1 Bl. 4⁰   [Dr 08
[Ersch. auch in: Jahrbuch d. schiffbautechn. Gesellschaft. Bd 9, 1908.]

36 Grether, Hans: Über Potentialbewegung tropfbarer Flüssigkeiten in ge-
krümmten Kanälen. Berlin 1909: Simion. 1 Bl., 118 S., 2 Bl. 4⁰   [K 08
(Aus: Verhandlungen d. Vereins z. Beförderung d. Gewerbfleißes. [Jg. 88]
1909.)
[Im Buchh. ebd.]

37 Braun, Ernst: Druckschwankungen in Rohrleitungen mit Berücksichti-
gung der Elastizität der Flüssigkeit und des Rohrmaterials. Stuttgart:
Wittwer 1909. 1 Bl., 48 S. 8⁰   [S 09
[Ersch. auch in: Die Turbine. Jg. 6, 1909/1910.]

38 Hochschild, Heinrich: Versuche über die Strömungsvorgänge in er-
weiterten und verengten Kanälen. Berlin 1910: (A. W. Schade). 58 S.,
1 Bl. 4⁰(8⁰)   [Be 09
[Ersch. auch als: Mitteilungen über Forschungsarbeiten auf d. Gebiete d.
Ingenieurwesens. H. 114.]

39 Cordier, Wilhelm von: Strömungsuntersuchungen an einem Rohrkrümmer.
München [1911]: Oldenbourg. 2 Bl., 89 S. 8⁰   [Be 10

40 Grunsky, Carl Ewald: Hydrometrische Messungs-Verfahren in den Ver-
einigten Staaten Amerikas. Dresden 1910: Baensch-Stiftung. 50 S.,
1 Bl. 8⁰   [S 10

41 Lindboe, Waldemar: Eine neue Formel zur Ermittelung der mittleren
Geschwindigkeit in natürlichen Wasserläufen. Dresden 1910: Wilh.
Baensch. 44 S. 8⁰   [Dr 10

42 Saller, Heinrich: Stoßwirkungen an Tragwerken und am Oberbau im
Eisenbahnbetriebe. Mit 6 Abb. im Texte. Wiesbaden: Kreidel 1910.
2 Bl., 70 S., 2 Bl. 4⁰(8⁰)   [Dst 10

Vgl. auch: 727, 728, 898, 955, 956, 982, 987, 988, 990—995, 1121, 1132.

b) Mechanik der Gase und Dämpfe. Wärmemechanik
(Thermodynamik).

43 Drewes, Hans: Über die wichtigsten thermischen Daten des Ammoniaks.
(Hannover [1903]: Th. Schäfer.) 1 Bl., 37 S. 8⁰   [H 03

44 Grießmann, Arno: Beitrag zur Frage der Erzeugungswärme des überhitzten Wasserdampfes und sein Verhalten in der Nähe der Konden-
sationsgrenze. ⟨Mitteilung aus dem Maschinenlaboratorium B der Technischen Hochschule in Dresden.⟩ Berlin 1903: A. W. Schade. 57 S.
4⁰(8⁰)   [Dr 03
[Ersch. auch in: Mitteilungen über Forschungsarbeiten auf d. Gebiete
d. Ingenieurwesens. H. 13.]

45 Häusser, F[riedrich]: Untersuchungen über explosible Leuchtgas-Luft-
gemische. Berlin 1905: A. W. Schade. 41 S., 1 Taf. 4⁰(8⁰)   [M 04
[Ersch. auch in: Mitteilungen über Forschungsarbeiten auf d. Gebiete d.
Ingenieurwesens. H. 25.]

46 Linde, R[ichard]: Über die thermischen Eigenschaften des gesättigten und überhitzten Wasserdampfes zwischen 100⁰ und 180⁰ C. Berlin 1904: A. W. Schade. 44 S. 4⁰(8⁰)   [M 04
[Ersch. auch in: Mitteilungen über Forschungsarbeiten auf d. Gebiete d. Ingenieurwesens. H. 21.]

47 Adam, J[ulius]: Der Ausfluß von heißem Wasser. Berlin 1906: (A. W. Schade). 52 S. 4⁰(8⁰)   [M 05
[Ersch. auch in: Mitteilungen über Forschungsarbeiten auf d. Gebiete d. Ingenieurwesens. H. 35 u. 36.]

48 Bendemann, F[riedrich]: Über den Ausfluß des Wasserdampfes und über Dampfmengenmessung. Berlin 1906: (A. W. Schade). 65 S. 4⁰(8⁰) [Be 05
[Ersch. auch in: Mitteilungen über Forschungsarbeiten auf d. Gebiete d. Ingenieurwesens. H. 37.]

49 Zeidler, Arthur: Über den Wirkungsgrad der Dampfkessel. Dresden 1905: Teubner [Leipzig]. 96 S. 8⁰   [Dr 05

50 Fritzsche, Otto: Untersuchungen über den Strömungswiderstand der Gase in geraden zylindrischen Rohrleitungen. Berlin 1907: A. W. Schade. 1 Bl., 64 S. 4⁰(8⁰)   [Dr 06
[Ersch. auch als: Mitteilungen über Forschungsarbeiten auf d. Gebiete d. Ingenieurwesens. H. 60.]

51 Wobsa, Georg: Zustandsgleichung des Ammoniakdampfes und seine thermischen Eigenschaften. ⟨Mitteilung aus dem Maschinenlaboratorium B der Technischen Hochschule Dresden.⟩ Borna-Leipzig 1907: Noske. 54 S. 8⁰   [Dr 06
[Im Ausz. in: Zeitschrift f. d. gesamte Kälte-Industrie. Jg. 14, 1907.]

52 Müller, Arno Otto: Messung von Gasmengen mit der Drosselscheibe. Berlin 1907: (A. W. Schade). 29 S. 4⁰(8⁰)   [Be 07
[Ersch. auch in: Mitteilungen über Forschungsarbeiten auf d. Gebiete d. Ingenieurwesens. H. 49.]

53 Nägel, Adolph: Versuche über die Zündgeschwindigkeit explosibler Gasgemische. Berlin 1907: (A. W. Schade). 44 S., 1 Bl. 4⁰(8⁰)   [Dr 07
(Ersch. auch in: Mitteilungen über Forschungsarbeiten auf d. Gebiete d. Ingenieurwesens. [H. 54.])

54 Plank, Rudolph: Thermodynamische Untersuchung des Vorganges in der Absorptionskältemaschine auf Grund der Theorie der binären Gemische. München 1910: Oldenbourg. 31 S. 4⁰   [Dr 09
[Ersch. auch in: Zeitschrift f. d. gesamte Kälte-Industrie. Jg. 17, 1910.]

55 Reutlinger, Ernst: Über den Einfluß des Kesselsteins und ähnlicher wärmehemmender Ablagerungen auf Wirtschaftlichkeit und Betriebssicherheit von Heizvorrichtungen. Berlin 1909: (A. W. Schade). 74 S. 4⁰(8⁰) [M 09
[Ersch. auch als: Mitteilungen über Forschungsarbeiten auf d. Gebiete d. Ingenieurwesens. H. 94.]

56 Sendtner, Albert: Die Bestimmung der Dampffeuchtigkeit mit dem Drosselkalorimeter und die Anwendung desselben zur Prüfung von Wasserabscheidern. Berlin 1910: (A. W. Schade). 53 S. 4⁰(8⁰) [M 09
[Ersch. auch in: Mitteilungen über Forschungsarbeiten auf d. Gebiete d. Ingenieurwesens. H. 98 u. 99.]

57 Wamsler, Friedrich: Wärmeabgabe geheizter Körper an Luft. München 1909: F. Straub. VI, 83 S. 4⁰   [M 09
[Ersch. auch in: Mitteilungen über Forschungsarbeiten auf d. Gebiete d. Ingenieurwesens. H. 98 u. 99.]

58 Berlowitz, Max: Der Wärmedurchgang in Maischbottichen. München
        1910: Oldenbourg. 1 Bl., 14 S., 1 Bl. 4⁰   [Be 10
    Aus: Gesundheits-Ingenieur. [Jg. 33, 1910.]

59 Hübner, Hans: Das charakteristische Kurvennetz der Ventilatoren im
        Zusammenhang mit dem Widerstandskurvennetz verzweigter Rohr-
        leitungen. München 1911: Oldenbourg. 17 S., 5 Taf. 4⁰   [M 10
    [Ersch. auch in: Zeitschrift f. d. gesamte Turbinenwesen. Jg. 8, 1911.]

60 Soennecken, Alfred: Der Wärmeübergang von Rohrwänden an strö-
        mendes Wasser. Bonn 1910. 106 S. 4⁰(8⁰)   [M 10
    [Ersch. auch in: Mitteilungen über Forschungsarbeiten auf d. Gebiete d.
    Ingenieurwesens. H. 108 u. 109.]

61 Vogel, Emil: Über die Temperaturveränderung von Luft und Sauerstoff
        beim Strömen durch eine Drosselstelle bei 10⁰ C und Drücken bis zu
        150 Atmosphären. Berlin 1910: (A. W. Schade). 54 S. 4⁰(8⁰)   [M 10
    [Ersch. auch in: Mitteilungen über Forschungsarbeiten auf d. Gebiete d.
    Ingenieurwesens. H. 108 u. 109.]

62 Zimmermann, Werner: Beiträge zur Beurteilung des Betriebes von
        Dampfüberhitzern. Borna-Leipzig 1910: Noske. 2 Bl., 22 S., 2 Tab.,
        11 Taf., 1 Bl. 8⁰   [H 10

    Vgl. auch: 28, 109, 119, 699, 998, 999, 1001, 1003—1005, 1007, 1009,
        1012—1018, 1044, 1048, 1067.

c) Statistik der Baukonstruktionen siehe 13a.

5. Mineralogie. Geologie.

63 Fink, Wolfram: Der Flysch im Tegernseer Gebiet mit spezieller Be-
        rücksichtigung des Erdölvorkommens. München 1904: C. Wolf. 30 S.,
        1 Kt. 4⁰   [M 04
    [Ersch. auch in: Geognostische Jahreshefte. Jg. 16, 1903.]

64 Köhler, Gustav: Die »Rücken« in Mansfeld und in Thüringen sowie
        ihre Beziehungen zur Erzführung des Kupferschieferflötzes. Leipzig:
        Wilh. Engelmann 1905. 29 S., 13 Taf. 4⁰(8⁰)   [A 05

65 Köhler, Emil Johannes: Über einige physikalische Eigenschaften des
        Sandes und die Methoden zu deren Bestimmung. Nürnberg 1906: U.
        E. Sebald. 85 S., 1 Taf. 8⁰   [K 06
    [Im Buchh. b. J. Linck, Karlsruhe.]

66 Stuchlik, Heinrich: Die Faciesentwicklung der südbayerischen Oligocän-
        molasse. Mit einer geologischen Karte, zwei Profiltafeln und zahlreichen
        Textfiguren. München 1906: C. Wolf. 68 S., 1 Bl., 3 Taf. 4⁰   [M 06
    Ersch. auch in: Jahrbuch d. K. K. geologischen Reichsanstalt in Wien.
        Bd 56.

67 Attensperger, Albert: Studien zur Morphologie der Vorderpfalz.
        Kronach 1908: Caspar Heim. 49 S., 1 Bl., 8⁰   [M 07

68 Höfle, Jakob: Die Moore der bayerischen Hochebene als Folgeerscheinung
        der Eiszeit. München 1909: J. Fuller. 1 Bl., 41 S., 3 Taf. 8⁰ [M 07

69 Pilz, Richard: Die Bleiglanzlagerstätten von Mazarrón in Spanien. Frei-
        berg i. Sa.: Craz & Gerlach 1907. 51 S. 8⁰   [Dr 07

70   Putsch, Albert: Die Mineralien der Eifel und der angrenzenden Gebiete. Aachen 1905: La Ruelle. XVI, 115 S. 8°   [A 07

71   Schuster, Matthäus: Beiträge zur mikroskopischen Kenntnis der basischen Eruptivgesteine der Bayerischen Rheinpfalz. München 1907: C. Wolf. 69 S., 1 Kt. 4°   [M 07

72   Fluhr, Robert: Geologie und Hydrologie im engeren Einzugsgebiet der Streu unter besonderer Berücksichtigung bodentechnischer Fragen. Aachen 1908: (G. Schade, Berlin). 66 S. 8°   [A 08

73   Gassenmeyer, Eduard: Die Lehre von der Basaltbildung in ihren geologischen und geographischen Konsequenzen bis auf A. G. Werner ⟨1789⟩ und seine Schule. Nürnberg 1908: U. E. Sebald. 58 S. 8°   [M 08

74   Münichsdorfer, Franz: Mineralogisch-Petrographische Studien am Silberberg bei Bodenmais. München 1908: C. Wolf. 1 Bl., 32 S., 1 Bl. 4° [M'08

75   Wagner, Percy Albert: Studien an den diamantführenden Gesteinen Südafrikas. Berlin: Borntraeger 1909. XVIII, 132 S., 1 Taf., 1 Bl., 1 Taf. 8°   [Dr 08

76   Frentzel, Alexander: Das Passauer Granitmassiv. Petrographisch-geologische Studie. München 1911: C. Wolf. S. 105—192, 2 Taf. 4° [M 09
(Aus: Geognostische Jahreshefte. Jg. 24, 1911.)

77   Herzberg, Franz: Beiträge zur geologischen Kenntnis der Preßnitzer Erzlagerstätten. Freiberg i. S.: Craz & Gerlach 1910. 55 S., 5 Taf. 8° [Dr/F 10

78   Schenck, Rudolf: Beiträge zur Bestimmung der Erweichungskoeffizienten natürlicher Bausteine. Berlin: Borntraeger 1910. 43 S. 4° [Be 10
Aus: Mitteilungen d. Mineralog.-geol. Instituts d. Techn. Hochschule Berlin. Bd 1, H. 1.

79   Schöppe, Willi: Über kontaktmetamorphe Eisen-Mangan-Lagerstätten am Aranyos-Flusse, Siebenbürgen. Berlin 1910: G. Schade. 35 S. 4°   [A 10
[Ersch. auch in: Zeitschrift f. prakt. Geologie. Jg. 18, 1910.]

80   Schumacher, Friedrich: Die Erzlagerstätten am Schauinsland im südwestlichen Schwarzwalde. Eine Untersuchung auf dem Gebiete der chemischen Geologie. Berlin: Krahmann 1911. 56 S., 4 Taf., 1 Bl. 4°   [S 10
Aus: Zeitschrift f. prakt. Geologie. Jg. [19] 1911.

81   Vierschilling, Aloys: Die Eisen- und Manganerzlagerstätten im Hunsrück und im Soonwald. Berlin: Krahmann 1910. 43 S., 1 Kt. 4° [A 10
[Ersch. auch in: Zeitschrift f. prakt. Geologie. Jg. 18, 1910.]

6. Geographie.

82   Endrös, Anton: Seeschwankungen ⟨Seiches⟩ beobachtet am Chiemsee. Mit zwei Taf. Traunstein 1903: Miller. VIII, 117 S., 2 Taf. 8° [M 03
[Im Buchh. u. d. T.: Die Seeschwankungen ⟨Seiches⟩ des Chiemsees. München: G. Franz in Komm. 1906].
[Ersch. auch in: Sitzungsberichte d. k. bayr. Akad. d. Wissenschaften z. München. Math.-physikal. Klasse. Jg. 1905.]

83   Hartig, Otto: Ältere Entdeckungsgeschichte und Kartographie Afrikas mit Bourguignon d'Anville als Schlußpunkt ⟨1749⟩. Mit 1 Taf. u. 3 Ktn. im Texte. Wien: R. Lechner 1905. 1 Bl., 101 S., 1 Taf. 8° [M 04
(Aus: Mitteilungen d. K. K. Geograph. Gesellschaft in Wien. [Bd 48] 1905.)

84 Vollkommer, Max: Die Quellen Bourguignon d'Anvilles für seine kritische Karte von Afrika. München: Th. Ackermann 1904. 2 Bl., 124 S. 8° [M 04 (Ersch. auch als: Münchener Geograph. Studien. Stück 16.)

85 Ebner, Eduard: Geographische Hinweise und Anklänge in Plutarchs Schrift: De facie in orbe lunae. München: Th. Ackermann 1906. 101 S., 1 Bl. 8° [M 05 [Ersch. auch als: Münchener Geograph. Studien. Stück 19.]

86 Sensburg, Waldemar: Poggio Bracciolini und Nicolò de Conti in ihrer Bedeutung für die Geographie des Renaissancezeitalters. Mit e. Kartenskizze. Wien: R. Lechner 1906. 2 Bl., 116 S., 1 Kt. 8° [M 05 (Ersch. auch in: Mitteilungen d. K. K. Geograph. Gesellschaft in Wien. Bd 49, 1906.)

87 Huber, Franz Josef: Die Anfänge der alpinen Forschung in den Ostalpen und im Karstgebiete ⟨bis 1800⟩. Würzburg 1906: C. J. Becker. 123 S. 8° [M 06

88 Müller, Albert: Studien über die geographische Lage der Stadt Wasserburg am Inn. München 1908: Knorr & Hirth. 1 Bl., 71 S., 1 Bl. 8° [M 07

89 Heydenreich, Adolf: Karl Ernst von Baer als Geograph. Mit 3 Kärtchen. München: Th. Ackermann 1908. 87 S., 1 Bl., 3 Taf. 8° [M 08 [Ersch. auch als: Münchener Geograph. Studien. Stück 23.]

90 Deuerling, Oswald: Die Pflanzenbarren der afrikanischen Flüsse mit Berücksichtigung der wichtigsten pflanzlichen Verlandungserscheinungen. München: Th. Ackermann 1909. 3 Bl., 1 Taf., 253 S., 3 Taf. 8° [M 09 [Ersch. auch als: Münchener Geogr. Studien. Stück 24.]

91 Herpich, Hans: Die Eisverhältnisse in den südbayerischen Seen. [München: Th. Ackermann 1911.] 1 Bl., 89 S., 5 Taf. 8° [M 09 [Ersch. auch als: Münchener Geograph. Studien. Stück 26.]

92 Weinfurtner, Johannes: Die Entdeckung und Erforschung der Insel Neufundland. Nürnberg 1910: J. L. Stich. 57 S. 8° [M 09 [Im Buchh. b. C. Koch, Nürnberg.]

7. Botanik. Zoologie.

93 Schultz, Eduard: Untersuchungen über die Beziehungen der Blutbeschaffenheit ⟨Erythrocyten u. Hämoglobin⟩ zur Leistungsfähigkeit von Milchkühen. München 1906: M. Ernst. 51 S., 2 Taf. 8° [M 05 [Ersch. auch in: Fühlings landwirtschaftl. Zeitung. Jg. 55, 1906.]

94 Kießling, Ludwig: Untersuchungen über die Trocknung der Getreide, mit besonderer Berücksichtigung der Gerste. München 1906: Pößenbacher. 127 S. 8° [M 06 [Ersch. auch in: Vierteljahrsschrift d. bayer. Landwirtschaftsrats. Jg. 11, 1906.]

95 Raum, Johannes: Zur Kenntnis der morphologischen Veränderungen der Getreidekörner unter dem Einflusse klimatischer Verhältnisse. ⟨Mit 30 sachl. und 8 meteorolog. Tab. außerhalb d. Textes, 3 Taf. f. graph. Darstellgn. in Lithographie u. 3 Lichtdruckbildern.⟩ Stadtamhof [1906]: J. & K. Mayr. 137 S., 5 Bl. 8° [M 06 [Im Ausz. in: Naturwissenschaftl. Zeitschrift f. Land- und Forstwirtschaft. Jg. 5, 1907.]

96 Niggl, Ernst: Untersuchungen über die Wachstumsvorgänge bei den Getreiden unter dem Einfluß verschiedener Saattiefen. München 1907: Pößenbacher. 68 S., 1 Bl. 8⁰   [M 07

97 Prohaska, Ludwig: Untersuchungen über die Bedeutung der physiologischen Blutbeschaffenheit ⟨Erythrocyten, Leukocyten und Hämoglobin⟩ von Milchkühen. München 1908: M. Ernst. 92 S. 8⁰   [M 07

98 Fernekeß, Karl: Die Haferrispe nach Aufbau und Verteilung der Kornqualitäten ⟨Korngewichte u. Spelzengehalte.⟩ München 1908: Pößenbacher. 1 Bl., 106 S., 5 Taf. 8⁰   [M 08
[Ersch. auch in: Fühlings landwirtschaftl. Zeitung. Jg. 58, 1909.]

99 Frei, August: Untersuchungen über die Bestandteile der Haferkörner unter dem Einfluß verschiedener Witterungs- u. Anbauverhältnisse. Merseburg 1910: Friedr. Stollberg. 1 Bl., 150 S., 11 Taf., 1 Bl. 8⁰ [M 09:
[Ersch. auch in: Fühlings landwirtschaftl. Zeitung. Jg. 59, 1910.]

100 Habermehl, Karl: Die mechanischen Ursachen für die regelmäßige Anordnung der Teilungswände in Pflanzenzellen. Kaiserslautern 1909 Thieme. 48 S., 1 Bl., 8⁰   [M 09

101 Korn, Rudolph: Untersuchungen über die technisch-mikroskopische Unterscheidung einiger Fasern, insbesondere der Hanf- und Leinenfaser. Berlin: Borntraeger 1910. S. 189—234, 2 Taf. 8⁰   [Dr 09
Aus: Jahresbericht d. Vereinigung für angewandte Botanik. Jg. 7, 1909.

102 Geiger, Arthur: Beiträge zur Kenntnis der Sproßpilze ohne Sporenbildung. Mit 5 Fig. im Text, 1 Taf. u. 14 Tab. im Anh. Jena: G. Fischer 1910. 53 S., 1 Taf. 8⁰   [M 10
[Ersch. auch in: Zentralblatt f. Bakteriologie, Parasitenkunde und Infektionskrankheiten. Abt. 2. Bd 27, 1910.]

8. Theoretische und technische Physik. Meteorologie.

103 Schulze, Günther: Über den Spannungsverlust im elektrischen Lichtbogen. Berlin 1903: H. S. Hermann. 43 S. 5 Taf. 8⁰   [H 02
[Im Ausz. in: Annalen d. Physik. Folge 4, Bd 12, 1903.]

104 Monasch, Berthold: Untersuchungen über den Wechselstromlichtbogen zwischen Metallelektroden bei Hochspannung. Mühlhausen i. E. 1903: J. Brinkmann. 69 S. 8⁰   [Dst 03

105 Voege, Willi: Untersuchungen über die Strahlungseigenschaften der neueren Glühlampen. Hamburg 1904: (Lütcke & Wulff). 33 S. 8⁰   [Brn 03
[Im Buchh. b. Gräfe & Sillem, Hamburg.]
[Ersch. auch in: Jahrbuch d. hamburgischen wissenschaftl. Anstalten. Jg. 22, 1904.]

106 Lutz, Karl Wolfgang: Untersuchungen über atmosphärische Elektrizität mit besonderer Berücksichtigung ihrer technischen Bedeutung. (Fürstenfeldbruck [1904]: A. Sighart.) 1 Bl., 102 S., 1 Bl., 9 Taf. 8⁰   [M 04

107 Wommelsdorf, Heinrich: Die Kondensatormaschine mit Doppeldrehung, Mitteilung ihrer Anordnung, Theorie und Wirkungsweise. Berlin 1904: (G. Schade). 58 S. 8⁰   [Be 04
(Es sind auch ersch.: Abschn. III u. V in: Annalen d. Physik. [Folge 4, Bd 15, 1904]; Abschn. IV in: Physikalische Zeitschrift. [Jg. 5, 1904].)

3

108 Fraunberger, Georg: Studien über die jährlichen Niederschlagsmengen der
      afrikanischen Kontinente. Gotha: J. Perthes 1906. 12 S., 1 Kt. 4⁰ [M 05
      [Ersch. auch in: Petermanns Mitteilungen aus Just. Perthes geograph. An-
      stalt. Bd 52, 1906.]

109 Immenkötter, Theodor: Über Heizwertbestimmungen mit besonderer
      Berücksichtigung gasförmiger und flüssiger Brennstoffe. München 1905:
      Oldenbourg. VII, 97 S. 8⁰   [A 05
      [Im Buchh. ebd.]

110 Liese, Kurt: Über die Messung der Dichtigkeit vagabundierender Ströme
      im Erdreich. Halle a. S. 1906: Knapp. 1 Bl., 27 S. 4⁰   [K 06
      [Ersch. auch in: Zeitschrift f. Elektrochemie. Bd 12, 1906.]

111 Lulofs, W[arner]: Über das Verhalten des Ohmschen Widerstandes und des
      Selbstinduktionskoeffizienten in Abhängigkeit von der Frequenz des durch-
      geschickten Wechselstromes. Braunschweig 1906: Vieweg. 38 S. 8⁰ [Brn 06

112 Monasch, Bruno: Über den Energieverlust im Dielektrikum von Kon-
      densatoren und Kabeln. Wien: Selbstverl.; Druck von Jahoda & Siegel
      1906. 55 S., 1 Bl. 8⁰   [Dz 06

113 Erfle, Heinrich: Optische Eigenschaften und Elektronentheorie. Leipzig:
      J. A. Barth 1907. 83 S. 8⁰   [M 07
      [Im Ausz. in: Annalen der Physik. Folge 4, Bd 24, 1907.]

114 Nußelt, Wilhelm: Die Wärmeleitfähigkeit von Wärmeisolierstoffen.
      Berlin 1908: (A. W. Schade). 88 S. 4⁰(8⁰)   [M 07
      [Ersch. auch in: Mitteilungen über Forschungsarbeiten auf d. Gebiete d.
      Ingenieurwesens. H. 63 u. 64.]

115 Schapira, Carl: Über den Wirkungsgrad der Hochfrequenz-Lampe mit
      unterteiltem Lichtbogen. o. O. [1907]. 34 S. 8⁰   [Be 07

116 Stockhausen, Karl: Untersuchungen über den eingeschlossenen Licht-
      bogen bei Gleichstrom. Leipzig: J. A. Barth 1907. VII, 97 S. 8⁰ [Dr 07
      [In erweit. Fassung ebd. u. d. T.: Der eingeschlossene Lichtbogen bei
      Gleichstrom.]

117 Alt, Eugen: Die Doppeloszillation des Barometers insbesondere im ark-
      tischen Gebiete. Braunschweig 1909: Vieweg. 22 S. 4⁰   [M 08
      [Ersch. auch in: Meteorolog. Zeitschrift. Bd 26, 1909.]

118 Daunderer, Alois Anton: Über die in den unteren Schichten der At-
      mosphäre vorhandene freie elektrische Raumladung. München 1908:
      C. Wolf. 98 S., 6 Taf. 4⁰   [M 08
      [Im Ausz. in: Physikalische Zeitschrift. Jg. 8, 1907.]

119 Gröber, Heinrich: Physikalische Untersuchungen für die Kältetechnik.
      I. Die spezifische Wärme der Chlornatriumlösungen. II. Die Schmelz-
      wärme der Kryohydrate. III. Die Wärmeleitfähigkeit von Isoliermate-
      rialien bei tiefen Temperaturen. München 1908: Oldenbourg. 1 Bl.,
      38 S. 4⁰   [M 08
      [Ersch. auch in: Zeitschrift f. d. gesamte Kälte-Industrie. Jg. 16, 1909.]

120 Jaufmann, Josef: Untersuchungen über den radioaktiven und elek-
      trischen Zustand der Atmosphäre nach Beobachtungen an d. K. B. me-
      teorologischen Hochstation Zugspitze. München 1908: E. Mühlthaler.
      38 S. 4⁰   [M 08
      [Im Buchh. b. A. Buchholz, München.]
      [Ersch. auch in: Jahrbuch d. K. B. Meteorolog. Zentralstation. Bd 29,
      1907.]

121 Schmitt, Theodor: Die Meteorologie und Klimatologie des Albertus
Magnus. Bad Dürkheim 1909: J. Rheinberger. 116 S. 8º [M 08

122 Schön, Ludwig: Ein Beitrag zur Theorie des Wehneltunterbrechers.
Darmstadt 1908: H. C. Kunze. 31 S., 8 Taf. 8º [Dst 08

123 Arlt, Willy: Untersuchungen über Wetterführung mittels Lutten. Berlin
1910: (A. W. Schade). 82 S. 4º(8º)
[Ersch. auch als: Mitteilungen über Forschungsarbeiten auf d. Gebiete d.
Ingenieurwesens. H. 115.]
[Im Ausz. in: Zeitschrift d. Vereines deutscher Ingenieure. Bd. 56, 1912.]

124 Endrös, Ludwig: Messungen und Registrierungen der dem Erdboden
entquellenden Emanationsmengen. Erlangen 1909: Junge. 1 Bl., 64 S.
8 Taf. 8º [M 09

125 Gewecke, Hermann: Über die Einwirkung von Strukturänderungen auf die
physikalischen, insb. elektrischen Eigenschaften von Kupferdrähten und
über die Struktur des Kupfers in seinen verschiedenen Behandlungsstadien.
(Kirchhain N.-L. [1909]: M. Schmersow.) 1 Bl., 93 S., 11 Taf. 8º [Dst 09
[Ersch. auch in: Dinglers Polytechn. Journal. Bd 324, 1909.]

126 Hardebeck, C[arl]: Über das Verhalten einiger Legierungen zum Ge-
setze von Wiedemann und Franz. Aachen: Aachener Verlags- u·
Druckerei-Ges. 1909. 40 S., 1 Tab. 8º [A 09

127 Kirner, J[oseph]: Optischer Interferenzindikator. Untersuchung über
das selbsttätige Aufzeichnen des zeitlichen Verlaufes sich sehr schnell
ändernder und sehr hoch ansteigender Drucke, im besonderen des Gas-
druckes beim Schuß. Berlin 1909: (A. W. Schade). 55 S. 4º(8º) [S 09
[Ersch. auch als: Mitteilungen über Forschungsarbeiten auf d. Gebiete d.
Ingenieurwesens. H. 88.]

128 Vollmer, K[arl]: Über die Schwankungen der Frequenz und Intensität der
Lichtbogenschwingungen. Leipzig: J. A. Barth 1910. 95 S. 8º [Dz 09
(Ersch. auch in: Jahrbuch d. drahtlosen Telegraphie und Telephonie.
Bd 3 [1909].)

129 Bock, Hermann: Kritische Theorie der freien Riefler-Hemmung. Berlin:
Springer 1910. 68 S., 1 Bl. 8º [K 10

130 Hauser, Friedrich: Untersuchung von Bronsonwiderständen. Erlangen
[1911]: Junge. 1 Bl., 59 S., 4 Tab., 7 Taf. 8º [M 10
[Im Ausz. in: Physikalische Zeitschrift. Jg. 12, 1911.]

131 Subkis, Solomon: Der Einfluß der Koppelung bei langsamen unge-
dämpften Schwingungen. Leipzig: J. A. Barth 1910. 31 S. 8º [Brn 10

Vgl. auch: 16, 689, 1083, 1113.

9. Theoretische und technische Chemie.

a) Anorganische Chemie.

132 Postius, Theodor: Untersuchungen in der Yttergruppe. München 1902:
Val. Höfling. 29 S., 1 Bl. 4º [M 02

133 Witzeck, Rudolf: Über die Schwefelverbindungen im Leuchtgase.
München 1902: Oldenbourg. IX, 99 S., 1 Taf. 8º [K 02
[Ersch. auch in: Schillings Journal f. Gasbeleuchtung. Jg. 46, 1903.]

134 Eberlein, Wilhelm: Über einige komplexe Salze des Silbers, des Goldes
und des Quecksilbers. Leipzig 1904: Metzger & Wittig. 56 S. 8º [Brn 03
[Ersch. auch in: Zeitschrift f. anorgan. Chemie. Bd 39, 1904.]

3*

135　Engelskirchen, Peter: Beiträge zur Kenntnis der Salze der Kiesel-
und Titanfluorwasserstoffsäure.　Berlin 1903: (Bickel & Co.).　46 S.,
1 Bl.　8⁰　　　　　　　　　　　　　　　　　　　　　　　　　[Be 03

136　Kollmann, Ernst: Über die Gautier'sche Verbindung P_5H_3O.　Berlin
1903.　47 S.　8⁰　　　　　　　　　　　　　　　　　　　　　[Be 03

137　Kraft, Karl:　Untersuchungen über das Cer und das Lanthan.　München
1903: Buchdr. der »Allgemeinen Zeitung«.　34 S.　8⁰　　　[M 03
[Im Ausz. in: Liebigs Annalen d. Chemie.　Bd 325, 1902.]

138　Kunschert, Franz: Über komplexe Salze des Kupfers und des Zinks.
Leipzig 1904: Metzger & Wittig.　42 S.　8⁰　　　　　　　[Brn 03
[Ersch. auch in: Zeitschrift f. anorgan. Chemie.　Bd 41, 1904.]

139　Aichel, Oswald:　Die Reduktion von Metalloxyden mit Hilfe von Cerit-
metallen.　München 1904: Kastner & Callwey.　41 S.　8⁰　　[M 04
[Im Ausz. in: Liebigs Annalen d. Chemie.　Bd 337, 1905.]

140　Allner, Woldemar:　Zur Kenntnis der Bunsenflamme.　München 1905:
Oldenbourg.　96 S.　8⁰　　　　　　　　　　　　　　　　　　[K 04
[Im Ausz. in: Schillings Journal f. Gasbeleuchtung.　Jg. 48, 1905.]

141　Amberg, Richard:　Über chemische Eigenschaften und das Verbindungs-
gewicht des Palladiums.　Leipzig 1905: (Buchdr. d. Leipz. Tagebl.)
74 S., 1 Bl., 8⁰　　　　　　　　　　　　　　　　　　　　　[A 05
[Ersch. auch in: Liebigs Annalen d. Chemie.　Bd 341, 1905.]

142　Ans, J[ohann] d':　Das wasserfreie Ferrosulfat und seine Zersetzung bei
höheren Temperaturen.　Kiel 1905: H. Fiencke.　51 S., 7 Taf.　8⁰ [Dst 05

143　Davidson, Emil: Die Zersetzung von Kaliumchlorat durch Salzsäure, eine
Reaktion I. Ordnung.　Gießen 1905: v. Münchow.　58 S., 3 Taf.　8⁰ [Dst 05
[Im Ausz. in: Zeitschrift f. angewandte Chemie.　Jg. 18, 1905.]

144　Herold, Ignaz:　Über die Kaustifikation des Kaliumsulfates.　Halle a. S.
1905: Knapp.　44 S.　8⁰　　　　　　　　　　　　　　　　　[M 05
(Aus: Zeitschrift f. Elektrochemie.　Bd 11, 1905.)

145　König, James:　Die Oxydation und die Oxyde des Palladiums.　Karlsruhe 1905: Friedr. Gutsch.　45 S., 1 Bl., 1 Taf.　8⁰　　　[K 05

146　Pick, Waldemar: Über Ferrosilicium.　Karlsruhe 1906: Braun.　1 Bl.,
97 S.　8⁰　　　　　　　　　　　　　　　　　　　　　　　　[K 05

147　Arnoldi, Heinrich:　Über Metallcyanide.　München 1907: C. Wolf.
53 S.　8⁰　　　　　　　　　　　　　　　　　　　　　　　　[M 06
[Im Ausz. in: Berichte d. deutschen chem. Gesellschaft.　Jg. 39, 1906.]

148　Beck, Hans:　Beiträge zur Kenntnis der Metalle der Cergruppe.　Nürnberg 1907: Fritz Osterchrist.　59 S.　8⁰　　　　　　　　　[M 06

149　Faber, Paul:　Beiträge zur Kenntnis des sechswertigen Titan.　Berlin
1906: (E. Ebering).　38 S., 1 Bl.　8⁰　　　　　　　　　　　[Be 06
[Ersch. auch in: Zeitschrift f. analyt. Chemie.　Jg. 46, 1907.]

150　Mai, Alfred:　Über die Darstellung von metallischem Molybdän.　München:
Bayer. Druckerei u. Verlagsanstalt 1906.　40 S.　8⁰　　　[M 06
[Ersch. auch in: Liebigs Annalen d. Chemie.　Bd 355, 1907.]

151　Mendheim, Hans:　Untersuchungen über Gips.　München 1906: G. Schuh.
78 S.　8⁰　　　　　　　　　　　　　　　　　　　　　　　　[M 06

152　Metzger, Josef:　Über das Calcium und seine Legierungen.　(Halle a. S.)
1906: (Waisenhaus).　41 S.　8⁰　　　　　　　　　　　　　　[M 06
[Ersch. auch in: Liebigs Annalen d. Chemie.　Bd 355, 1907.]

153　Müller, Julius:　Beiträge zur Kenntnis der Metaphosphate.　Berlin 1906:
(Le Messin, Metz).　42 S., 1 Bl.　8⁰　　　　　　　　　　　[Be 06

154 Riedelbauch, Rudolf: Untersuchungen über metallisches Vanadin, Niol
und Tantal. München 1907: J. Fuller. 2 Bl., 43 S. 8° [M 06
[Ersch. auch in: Liebigs Annalen d. Chemie. Bd 355, 1907.]

155 Hiendlmayr, Adolf: Beiträge zur Chemie der Chrom- und Kobalt-
Ammoniake. Freising 1907: Anton Warmuth. 36 S. 8° [M 07

156 Krause, Ernst: Versuche zur Oxydation von hydratischem Mangandioxyd
‚ in alkalischer Suspension. Leipzig: G. Fock 1907. 47 S. 8° [Dst 07

157 Mandelbaum, Robert: Über Calciumborat und über die Bestimmung der
Borsäure. München 1907: L. Mössl. 3 Bl., 50 S. 8° [M 07
[Ersch. auch in: Zeitschrift f. anorgan. Chemie. Bd 62, 1909.]

158 Martin, Alfred: Über die Darstellung von metallischem Wolfram.
München 1908: J. Fuller. 2 Bl., 62 S. 8° [M 07

159 Smissen, Heinrich van der: Beiträge zur Kenntnis der chemischen
Eigenschaften des Kalziummetalls. Berlin 1907: (Wilh. Pilz). 35 S.,
1 Bl. 8° [Be 07

160 Witzmann, Walter: Über die Oxyde des Iridiums. Salzungen 1907:
L. Scheermesser. 3 Bl., 80 S., 1 Tab. 8° [K 07
[Im Ausz. in: Zeitschrift f. anorgan. Chemie. Bd 57, 1908.]

161 Ahrle, Hermann: Über die Bildung und Synthese der Caro'schen Säure
⟨Monosulfopersäure⟩. Darmstadt 1908: H. Uhde. 78 S. 8° [Dst 08
[Im Ausz. in: Zeitschrift f. angewandte Chemie. Jg. 22, 1909.]

162 Beck, Erich: Studien über die Darstellung von Legierungen nitrid-
bildender Metalle. Halle a. S.: Knapp 1908. 22 S. 4° [A 08
[Ersch. auch in: Metallurgie. Jg. 5, 1908.]

163 Höhn, Fritz: Untersuchungen über Wasserstoffpersulfid. Berlin 1909:
A. W. Schade. 48 S. 8° [M 08
[Im Ausz. in: Berichte d. deutschen chem. Gesellschaft. Jg. 41, 1908.]

164 Jacoby, Hans: Über die Bildung von Kalkstickstoff. Weida i. Th. 1908:
Thomas & Hubert. 86 S. 8° [Dr 08
[Im Ausz. in: Zeitschrift f. Elektrochemie. Bd 15, 1909.]

165 Koch, Max: Beiträge zur Kenntnis der Einwirkung von nitrosen Gasen
und Sauerstoff auf Wasser. Weida i. Th. 1908: Thomas & Hubert.
116 S. 8° [Dr 08
[Im Ausz. in: Zeitschrift f. angewandte Chemie. Jg. 21, 1908.]

166 Lehmann, Richard: Untersuchungen über Zirkonoxyd und seine Verwendung. München 1908: J. Fuller. 2 Bl., 48 S., 1 Bl. 8° [M 08
[Ersch. auch in: Zeitschrift f. anorgan. Chemie. Bd 65, 1909.]

167 Rodewald, Gustav: Über die Reindarstellung bekannter und neuer Sub-
haloïde. Berlin 1908: (A. W. Schade). 58 S., 1 Bl. 8° [K 08
[Im Ausz. in: Zeitschrift f. anorgan. Chemie. Bd 61, 1909.]

168 Weber, Friedrich A.: Über die Einwirkung von Kohlenoxyd auf Natronlauge. Berlin 1908: Wilh. Pilz. 105 S., 1 Bl. 8° [K 08

169 Becker, Wilhelm: Zur Frage der Erdalkaliperoxydbildung. Prag 1909:
A. Haase. 50 S., 2 Bl. 8° [K 09

170 Blich, Julius: Über die Oxydation von Stickoxydluftgemischen und ihre
Löslichkeit in Alkalilauge. Borna-Leipzig 1910: Noske. 2 Bl., 64 S.,
1 Bl. 8° [Dr 09
[Im Ausz. in: Zeitschrift f. angewandte Chemie. Jg. 23, 1910.]

171 Eichel, Curt: Über das Verhalten des Stickstoffs gegen Silicide.
Weida i. Th. 1909: Thomas & Hubert. 74 S., 1 Bl., 1 Taf. 8° [Dr 09

172 Engelhardt, Theodor: Über die Stickstoffverbindungen des Siliciums.
Nürnberg 1909: U. E. Sebald. 3 Bl., 84 S., 2 Taf. 8⁰ [M 09
[Ersch. auch in: Zeitschrift f. anorgan. Chemie. Bd 65, 1909.]

173 Eschmann, Max: Über Bildung und Zersetzung von Calciumcyanamid.
Weida i. Th. 1910: Thomas & Hubert. 83 S. 8⁰ [K 09
[Im Ausz. in: Zeitschrift f. Elektrochemie. Bd 17, 1910.]

174 Formhals, R[ichard]: Über die Calciumsilicide und deren Aufnahme-
fähigkeit für Stickstoff. Gießen 1909: Brühl. 45 S. 8⁰ [Dst 09

175 Hirschkind, Wilhelm: Die umkehrbare Einwirkung von Sauerstoff auf
Chlormagnesium. Hamburg u. Leipzig: Leopold Voss 1910. 49 S. 8⁰ [K 09
(Im Ausz. in: Zeitschrift f. anorgan. Chemie. Bd 67, 1910.)

176 Kaiser, Hans: Über metallisches Titan. München 1909: J. Fuller. 2 Bl.,
103 S., 1 Bl. 8⁰ [M 09
[Im Ausz. in: Zeitschrift f. anorgan. Chemie. Bd 65, 1909.]

177 Martin, Friedr[ich]: Vier Oxydationsstufen des Platins. Karlsruhe 1909.
61 S., 1 Bl. 8⁰ [K 09
[Im Ausz. in: Berichte d. deutschen chem. Gesellschaft. Jg. 42, 1909.]

178 Neumann, Eugen: Darstellung und Untersuchung regulinischen Zir-
koniums. München 1909: J. Fuller. 2 Bl., 42 S., 1 Bl., 3 Taf. 8⁰ [M 09
[Im Ausz. in: Zeitschrift f. anorgan. Chemie. Bd 65, 1909.]

179 Stimmelmayr, Anton: Über die Darstellung und Untersuchung von regu-
linischem Wolframmetall. München 1909: J. Fuller. 1 Bl., 41 S. 8⁰ [M 09

180 Treubert, Franz: Über Wismutoxydul und seine Salze. Mit einem Anhang:
Neue quantitative Methoden. München 1909: Franz X. Seitz. 71 S. 8⁰ [M 09

181 Werkmeister, Otto: Über Bildung und Zerfall von Eisenkarbid und
die gasförmigen Produkte der Einwirkung von Mineralsäuren. München
1910: Oldenbourg. 2 Bl., 78 S. 8⁰ [K 09

182 Fonda, Gorton R.: Über die Einwirkung von Kohlenoxyd auf Laugen.
Karlsruhe 1910: Braun. 85 S., 1 Bl. 8⁰ [K 10

183 Jacob, Arthur: Das Verhalten der salpetrigen Säure in Wasser. Zwickau
i. Sa. 1911: F. Ullmann. 71 S. 8⁰ [Dr 10

184 Kellermann, Heinrich: Über die Darstellung des metallischen Cers und
seine Verbindungen mit Arsen und Antimon. Berlin 1910: E. Ebering.
47 S. 8⁰ [Be 10

185 Lahrmann, Otto: Über Magnesiumoxychlorid und seine Beziehung zu
Sorels Magnesiazement. München 1910: Oldenbourg. 29 S. 8⁰ [M 10

186 Lay, Emil: Über Silicium-Stickstoff-Wasserstoff-Verbindungen. München
1910: Leopold-Buchdr. 79 S. 8⁰ [M 10

187 Lederer, Wilhelm: Darstellung und Untersuchung reinen, geschmol-
zenen Molybdäns. Erlangen 1911: E. Th. Jacob. 43 S. 8⁰ [M 10

188 Metzger, Karl: Über Zirkon- und Wolframlegierungen. München 1910:
J. Fuller. 1 Bl., 55 S. 8⁰ [M 10

189 Schreiner, Otto: Untersuchungen über die Systeme »Alkali-Schwefel-
säure« und »Alkali-Phosphorsäure«. Darmstadt 1909: (L. Simon). 66 S.,
2 Bl. 8⁰ [Dst 10
[Im Ausz. in: Zeitschrift f. physikal. Chemie. Bd 75, 1910.]

190 Schuh, Heinrich: Beiträge zur Kenntnis der Unterphosphorsäure. Cassel
1911: Thiele & Schwarz. 57 S., 1 Taf. 8⁰ [M 10

191 Sell, Hans: Über die Umwandlung von Kalkstickstoff in Cyanid.
Berlin [1911]: Denter & Nicolas. 45 S., 1 Bl. 8⁰ [Be 10

192 Singer, Felix: Über künstliche Zeolithe und ihren konstitutionellen Zusammenhang mit anderen Silicaten. Coburg 1910: Coburger Tagebl. 72 S. 8° [Be 10
[Im Ausz. in: Sprechsaal. Jg. 44, 1911.]

193 Weber, Max Gustav: Kritische Studien über die Darstellungsweisen von Selen- und Tellurwasserstoff. Weida i. Th. 1910: Thomas & Hubert. 63 S., 1 Bl. 8° [Dr 10

194 Wehrheim, Otto: Über die Oxydation von Ammoniak, Blausäure und Cyan. Darmstadt 1910: H. Uhde. 47 S. 8° [Dst 10

195 Wolokitin, A[rkady]: Über die Stickoxydbildung bei der Wasserstoffverbrennung. Karlsruhe 1910: Braun. 59 S. 1 Taf. 8° [K 10
[Im Ausz. in: Zeitschrift f. Elektrochemie. Bd 16, 1910.]

196 Zehetmaier, Heinrich: Über die Einwirkung von Stickstoffdioxyd auf kristallwasserhaltige Salze. München 1911: J. B. Grassl. 1 Bl., 48 S. 8° [M 10

b) Organische Chemie.

197 Kegel, Ernst: Zur Frage der Konstitution der Paraoxyazokörper. Dresden 1900: Lehmann. 58 S., 1 Bl. 8° [Dr 00
[Im Ausz. in: Berichte d. deutschen chem. Gesellschaft. Jg. 33, 1900].

198 Krumbiegel, Ernst: Ueber einige Derivate des Triphenyltriazols und die zu ihrer Synthese dienenden Hydrazine und Nitrile. Dresden 1901: Lehmann. 79 S. 8° [Dr 00

199 Lax, Wilhelm: Über Abkömmlinge der Phenylhydrazoncyanessigsäureäthylester. Leipzig: J. A. Barth 1901. 31 S. 8° [Dr 00
[Ersch. auch in: Journal f. prakt. Chemie. N. F. Bd 63, 1901.]

200 Bandow, Erich: I. Beiträge zur Kenntnis des Isonarkotins. II. Über zwei neue Basen aus Hydrocotarnin. Berlin 1901: (E. Ebering). 45 S. 8° [Be 01

201 Behrens, Wilhelm: Zur Kenntnis des Bisnitrosylbenzyls sowie der bei seiner Bildung entstehenden Nebenprodukte. Cöthen 1901: Aug. Preuß. 31 S. 8° [H 01
[Im Ausz. in: Liebigs Annalen d. Chemie. Bd 323, 1902.]

202 Engler, Adalbert: Zur Kenntnis der Kondensationen von Aldehyden mit Ketonen. Karlsruhe 1901: Braun. 42 S., 1 Bl. 8° [K 01

203 Flachslaender, Joseph: Über Nitroäthylbenzole und daraus hergestellte Tetrazofarbstoffe. Leipzig: J. A. Barth 1902. 24 S. 8° [M 01
[Ersch. auch in: Journal f. prakt. Chemie. N. F. Bd 66, 1902.]

204 Grünewald, Richard: Die Oxydation des Methyluracils. Hannover 1901: Heinr. Höltje. 29 S. 8° [H 01
[Ersch. auch in: Liebigs Annalen d. Chemie. Bd 323, 1902.]

205 Heiduschka, Alfred: Zur Kenntnis des p-Thio-p-tolylanilins. Dresden 1901: Lehmann. 55 S., 1 Bl. 8° [Dr 01

206 Herrmann, Max: Über die Sulfurierung des m-Nitrotoluols. Bamberg [1901]: Handels-Druckerei. 42 S. 8° [M 01

207 Hoyer, Emil: I. Über einige Abkömmlinge des 2.3-Dibrom-α-Naphtochinons. II. Über einige Abkömmlinge des Anhydrobisdiketohydrindens (Biindons). Berlin 1901: (A. W. Schade). 43 S. 8° [Be 01
[Im Ausz. in: Berichte d. deutschen chem. Gesellschaft. Jg. 34, 1901.]

208　Kačer, Filip: I. Über die Einwirkung von Knallquecksilber und Aluminiumchlorid auf Toluol, o-, m- und p-Xylol und auf Mesitylen. II. Über die Einwirkung von Knallquecksilber auf Phenol. Karlsruhe 1901: Braun. 46 S., 1 Bl. 8⁰ [K 01

209　Klatt, Hugo F.: Kondensation von Glukose durch Schmelzen mit Chlorammonium. Rostock 1903: K. Hinstorff. 23 S. 8⁰ [H 01
[Im Ausz. in: Liebigs Annalen d. Chemie. Bd 329, 1903.]

210　Klimmer, Konrad: Über die Farbstoffe der Capriblau- und Phenocyaningruppe, ein Beitrag zur Kenntnis der Oxazinfarbstoffe. Dresden 1901: Lehmann. 1 Bl., 69 S. 8⁰ [Dr 01
[Ersch. auch in: Zeitschrift f. Farben- u. Textil-Chemie. Jg. 1, 1902.]

211　König, Roderich: Über Cinchotintoxin und einige Derivate des Cinchotoxins. Nürnberg 1902: Wilh. Tümmel. 40 S. 8⁰ [M 01

212　Maier, Johann: Studien über Ringkondensationen. Braunschweig 1901: Vieweg. 42 S., 1 Bl. 8⁰ [Brn 01

213　Mehner, Hans: Über Abkömmlinge der Anthranilsäure. Leipzig: J. A. Barth 1901. 76 S. 8⁰ [Dr 01
[Ersch. auch in: Journ. f. prakt. Chemie. N. F. Bd 63, 1901.]

214　Pfeil, Jos[ef Theodor]: Über Dihydro-campholyto-lactam und Dihydro-campholyto-lacton. Ein Beitrag zur Begründung der Bredt'schen Camphersäure-Constitutionsformel. Düren 1901: Heinr. Lützeler. 42 S., 1 Bl. 8⁰ [A 01

215　Purucker, Georg: Über dimolekulare Anilverbindungen des i-Valeraldehyds und einen Übergang derselben in Derivate der Aethylenbasen von A. W. Hofmann. München 1901: Wilh. Höller. 47 S. 8⁰ [M 01
[Im Ausz. in: Berichte d. deutschen chem. Gesellschaft. Jg. 33, 1900.]

216　Raetze, Walther: Beiträge zur Kenntnis des p-Chlorbenzaldehyds. Dresden 1901: Lehmann. 57 S. 8⁰ [Dr 01
[Im Ausz. in: Journal f. prakt. Chemie. 1902.]

217　Rosenthal, Josef: Über Condensation von Aldehyden mit Cyanessigester und Benzylcyanid. Temesvar 1902: Csendes. 43 S. 8⁰ [Dr 01

218　Schreiber, Hermann: Über Halogenderivate des β-Aminocrotonsäureesters. Hannover 1901: Gustav Jacob. 35 S. 8⁰ [H 01
[Im Ausz. in: Liebigs Annalen d. Chemie. Bd 318, 1901.]

219　Strohbach, Erich: Über Derivate der 2,3-Oxynaphtoësäure. Dresden 1901: Teubner [Leipzig]. 1 Bl., 51 S. 8⁰ [Dr 01
[Im Ausz. in: Berichte d. deutschen chem. Gesellschaft. Jg. 34, 1901.]

220　Thurm, Richard: Über die Konstitution der δ-Methylharnsäure sowie der Alkylderivate des Methyluracils und des Nitrouracils. Herzberg a. H. 1902: G. F. Preiss. 32 S., 1 Bl. 8⁰ [H 01
[Im Ausz. in: Liebigs Annalen d. Chemie. Bd 323, 1902.]

221　Wimmer, Robert: Über α-o-Anisidopropionsäure und Derivate derselben. [Ludwigshafen 1901: Biller.] 34 S. 8⁰ [M 01

222　Wünsche, Oscar: Zur Kenntnis der Sulfocarbanilide. Dresden 1901: Lehmann. 52 S., 1 Bl. 8⁰ [Dr 01

223　Boeters, Oskar: Über Reaktionen der Dihalogenthymochinone. Berlin 1902: (A. W. Schade). 46 S. 8⁰ [Be 02
[Im Ausz. in: Berichte d. deutschen chem. Gesellschaft. Jg. 35, 1902.]

224　Dierssen, Heinrich: Über die zuckerartigen Abbauprodukte der Stärke bei der Hydrolyse durch Oxalsäure, mit besonderer Berücks. der Lintnerschen Isomaltose. Berlin: Springer 1903. 14 S., 1 Bl. 4⁰ [H 02
[Ersch. auch in: Zeitschrift f. angewandte Chemie. Jg. 16, 1903.]

225 Erber, Josef: Über Amidoalizarine. München 1903: Kastner & Callwey. 49 S. 8° [M 02
[Im Ausz. in: Berichte d. deutschen chem. Gesellschaft. Jg. 35, 1902.]

226 Fricke, Ludwig: Die Oxydation des Trimethyluracils. Cöthen 1903: Aug. Preuß. 29 S. 8° [H 02
[Im Ausz. in: Liebigs Annalen d. Chemie. Bd 327, 1903.]

227 Glawe, Alfred: Über Dihalogenindone. Ihr Verhalten gegen Schwefel-säure, Salpetersäure und Natriumalkoholate. Berlin 1902: (E. Ebering). 75 S., 2 Bl. 8° [Be 02
[Im Ausz. in: Berichte d. deutschen chem. Gesellschaft. Jg. 35, 1902.]

228 Lutzau, Gustav v.: Über die Einwirkung von Estern zweibasischer Säuren auf primäre aromatische Amidokörper. Braunschweig 1902: Vieweg. 31 S. 8° [Brn 02

229 Merkel, Heinrich: Über Bromprodukte und Alkalimetallverbindungen des Chinophtalons und ein Isomeres desselben. Nürnberg 1902: Wilh. Tümmel. 50 S., 1 Taf., 1 Bl. 8° [M 02
[Im Ausz. in: Berichte d. deutschen chem. Gesellschaft. Jg. 35, 1902.]

230 Meyer, Ernst: Zur Kenntnis der Thiotolyltoluidine. Dresden 1902: Lehmann. 47 S. 8° [Dr 02

231 Rossleben, Alfred: Beitrag zur Kenntnis des Verhaltens von Phenyl-i-cyanat gegen Stickstoffverbindungen. Dresden 1902: Lehmann. 57 S. 8° [Dr 02

232 Schumacher, Willy: Über Abkömmlinge des Diacetonitrils und Benzo-acetodinitrils. Dresden 1902: Lehmann. 47 S. 8° [Dr 02

233 Staeble, Rupert: Über Benzochinon-Sulfosäure. München 1902: C. Wolf. 44 S. 8° [M 02
[Im Ausz. in: Journal f. prakt. Chemie. 1904.]

234 Zimmermann, Max Rich[ard]: Benzocyanaldoxim und Abkömmlinge. Leipzig: J. A. Barth 1902. 38 S. 8° [Dr 02
[Ersch. auch in: Journal f. prakt. Chemie. N. F. Bd 66, 1902.]

235 Amann, Max: Zur Frage der Constitution des bimolekularen Propyliden-anilins. Ein Beitrag zur Frage der Existenz stereoisomerer Anilverbin-dungen. München 1903: H. Kutzner. 43 S. 8° [M 03
[Im Ausz. in: Liebigs Annalen d. Chemie. Bd 329, 1903.]

236 Book, Gilbert: Über die Reaktion von Aceton gegen Nitroopiansäure und einige neue Chinaldinderivate. Berlin 1903: (A. W. Schade). 45 S. 8° [Be 03
[Im Ausz. in: Berichte d. deutschen chem. Gesellschaft. Jg. 35, 1902.]

237 Bosch, Eberhard: Zur Kenntnis des Aethylbenzylanilins. Nürnberg 1904: Wilh. Tümmel. 48 S. 8° [M·03
[Im Ausz. in: Liebigs Annalen d. Chemie. Bd 334, 1904.]

238 Broniatowski, Heinrich: Zur Kenntnis der Nitrierung des Acetylmeta-amidoacetophenons. Karlsruhe 1903: Reiff. 54 S., 1 Bl. 8° [K 03

239 Brück, Oswald: Über die Konstitution der Dibromphtalsäure. Über einige Derivate der 4.5-Dibromphtalsäure. Berlin 1904: (Buchdr. »Industrie«, Wien). 68 S., 1 Bl. 8° [Be 03

240 Collet, Emil: Über Anilidoaldehyde. Berlin 1903: (A. W. Schade). 52 S. 8° [Be 03

241 Grossmann, Albert: Beitrag zur Kenntnis der Amidine. Dresden 1903: Lehmann. 41 S., 1 Bl. 8° [Dr 03

242 Hesse, Paul: Über Condensationsproducte von Aminocrotonsäureester mit Senfölen. Halle a. S. 1903: Heinr. John. 24 S., 1 Bl. 8° [H 03
[Im Ausz. in: Liebigs Annalen d. Chemie. Bd 329, 1903.]

243 Heymann, Stanislaw: Über die Nitrophenylketone des m.- und p.-Xylols, des Mesitylens und Pseudocumols. Karlsruhe 1903: Ferd. Thiergarten. 48 S. 8° [K 03

244 Hofmann, Karl: Beiträge zur Frage der Konstitution des Chinophtalons und Isochinophtalons. München 1903: Val. Höfling. 59 S. 8° [M 03
[Im Ausz. in: Berichte d. deutschen chem. Gesellschaft. Jg. 37, 1904.]

245 Jaeger, Paul: Studien über Ringkondensationen. Braunschweig 1903: Vieweg. 46 S., 1 Bl. 8° [Brn 03

246 Kämpf, Ad[olf]: Über Nitroderivate des Phenanthrenchinons und über deren Abkömmlinge. Würzburg 1903: C. J. Becker. 3 Bl., 76 S. 8° [S 03
[Im Ausz. in: Berichte d. deutschen chem. Gesellschaft. Jg. 36, 1903.]

247 König, Walter: I. Zur Kenntnis der Einwirkung von Nitrilen auf Karbonsäuren. II. Über eine neue, vom Pyridin derivierende Klasse von Farbstoffen. Leipzig: J. A. Barth 1904. 1 Bl., 72 S. 8° [Dr 03
[Im Ausz. in: Journal f. prakt. Chemie. N. F. Bd 69, 1904.]

248 Kraft, Hermann: Über die Oxydation methylierter aromatischer Kohlenwasserstoffe mit Cerdioxyd. München 1903: Buchdr. d. »Allgemeinen Zeitung«. 44 S. 8°]M 03

249 Krieger, Alfred: Über Abkömmlinge des 1.5.Diamidoanthrachinons. Karlsruhe 1903: J. J. Reiff. 71 S. 8° [K 03

250 Lehmann, Hermann: Zur Kenntnis der Polymeren des Acetonitrils. Dresden 1903: (Lehmann). 40 S. 8° [Dr 03

251 Leipprand, Fritz: Über Trimethylaethylen- und Tetramethylaethylennitrosobromid. Würzburg 1904: C. J. Becker. 3 Bl., 60 S. 8° [S 03
[Im Ausz. in: Berichte d. deutschen chem. Gesellschaft. Jg. 37, 1904.]

252 Ozorovitz, Naftaly: Zur Kenntnis der Dioxyfluoresceïne. Berlin 1903. 1 Bl., 60 S. 8° [Be 03

253 Pay, Erwin de: Über Nitroresorcin. Würzburg 1904: C. J. Becker. 58 S., 1 Bl. 8° [S 03
[Im Ausz. in: Berichte d. deutschen chem. Gesellschaft. Jg. 37, 1904.]

254 Pulvermüller, Carl: Über Nitroderivate des γ-Diphenols. Plieningen 1904: Friedr. Find. 41 S. 8° [S 03

255 Rhomberg, Victor: Beiträge zur Kenntnis des Benzylidenanilinnitrils. Dornbirn 1903: F. A. Feurstein. 41 S. 8° [M 03

256 Richard, Isidor: Über die Einwirkung des Formaldehyds auf α-Picolin. München 1904: F. Straub. 50 S. 8° [M 03
[Im Ausz. in: Berichte d. deutschen chem. Gesellschaft. Jg. 37, 1904.]

257 Schönherr, Paul: Über das Verhalten von Abkömmlingen des Phenyl-i-cyanats zu Stickstoff- und Phosphorverbindungen, sowie über einige sekundäre Sulfochlorphosphine der aromatischen Reihe. Dresden 1903: Lehmann. 84 S., 1 Bl. 8° [Dr 03

258 Schumann, Ph[ilipp]: Beiträge zur Kenntniss [!] der Schibutter. München 1903: Jos. Frz. Rechner. 35 S. 8° [M 03

259 Sommer, Albert: Über die Einwirkung von Aminen auf Derivate des Tinitro-p-toluidins. Dresden 1903: Erdmann Schmidt. 59 S. 8° [Dr 03
[Ersch. auch in: Journal f. prakt. Chemie. 1903.]

260 Spengler, Oscar: Studien über die Konstitution der Phtaleïnsalze. Braunschweig 1904: Vieweg. 1 Bl., 35 S. 8° [Brn 03
[Im Ausz. in: Berichte d. deutschen chem. Gesellschaft. Jg. 36, 1903.]

261 Thode, Carlos J.: Zur Kenntnis des o-Amidobenzhydrazids und einiger Harnstoffderivate. Dresden 1903: Lehmann. 38 S., 1 Bl. 8° [Dr 03
[Im Ausz. in: Journal f. prakt. Chemie. N. F. Bd 69, 1904.]

262 Wenzel, Georg: Über die Einwirkung von Halogen und Schwefelkohlenstoff auf Natriummethylenverbindungen. Berlin 1903: (Vieweg, Braunschweig). 32 S. 8° [Be 03

263 Wolff, Albert: Über das Verhalten organischer Persulfate beim Erhitzen. Ein Fall von Pseudomorphose. Berlin 1903: (A. W. Schade). 55 S. 8° [Be 03
[Im Ausz. in: Berichte d. deutschen chem. Gesellschaft. Jg. 37, 1904.]

264 Zscheile, Arthur: Beitrag zur Kondensation von Alkyloxysäureestern mit Cyaniden und Ketonen. Dresden 1903: H. B. Schulze. 42 S., 1 Bl. 8° [Dr 03

265 Bamberg, Raimund: Über Chinazoline aus Ortho-Amido-meta-Xylyl-para-Toluidin. Dresden 1904: Lehmann. 69 S., 1 Bl. 8° [Dr 04
[Im Ausz. in: Journal f. prakt. Chemie. N. F. Bd 71, 1905.]

266 Berblinger, Hans: Untersuchungen über Indanthren. Karlsruhe 1904: Macklot. 83 S. 8° [K 04

267 Carstens, Johann: Zur Kenntnis der Chromsäure als Oxydationsmittel. (Hannover 1904: Vereinsbuchdr.) 49 S., 10 Taf. 8° [H 04
[Im Ausz. in: Zeitschr. f. anorgan. Chemie. Bd 50, 1906.]

268 Friedrich, Hermann: Zur Kenntnis der Dialursäure. (Hannover) 1904: (Vereinsbuchdr.). 44 S. 8° [H 04
[Im Ausz. in: Liebigs Annalen d. Chemie. Bd 344, 1906.]

269 Goffin, Oskar: Reduktion von o-Nitrozimmtsäuremethylketon zu Propylenanthranil. Karlsruhe 1904: Friedr. Gutsch. 58 S., 1 Bl. 8° [K 04

270 Grosch, Oskar: Über die Kondensation von Dinitrilen mit Phenolen. Dresden 1904: (Lehmann). 55 S. 8° [Dr 04

271 Hennicke, Hans: Über die Einwirkung von Senfölen auf Aminocrotonsäureester. Bonn: Carl Georgi 1904. 32 S. 8° [H 04
[Im Ausz. in: Liebigs Annalen d. Chemie. Bd 344, 1906.]

272 Hermsdorf, Walter: Zur Kenntnis der Polymerisation von Nitrilen. Dresden 1904: Lehmann. 51 S. 8° [Dr 04

273 Hollenweger, Wilhelm: Über die Kondensationsfähigkeit der β_1-Amido-α_3-naphtol-β_4-sulfosäure. Karlsruhe 1904: Macklot. 49 S. 8° [K 04

274 Junghans, Erhard: Über Bromderivate des Phenanthrenchinons. Heilbronn 1904: Oehler. 57 S. 8° [S 04
[Im Ausz. in: Berichte d. deutschen chem. Gesellschaft. Jg. 37, 1904.]

275 Ladner, Gustav: Über Halogen- und Halogennitroderivate des Phenanthrens. Tübingen 1905: H. Laupp jr. VI, 32 S. 8° [S 04
[Im Ausz. in: Berichte d. deutschen chem. Gesellschaft. Jg. 37, 1904.]

276 Markert, Fritz: Über eine neue Methode zur Bestimmung des Sauerstoffs in organischen Körpern. Dresden 1904: Arnold & Gröschel. 67 S. 8° [Dr 04
[Im Buchh. ebd.]

277 Neuhäusser, Hans: Über einige Umsetzungen der Diazobenzolcarbonsäuren. Dresden 1904: Lehmann. 55 S. 8° [Dr 04

278 Räuber, Erwin: Über Derivate der o-o-Dinitrochlorbenzol-p-Sulfosäure. Karlsruhe 1905: Macklot. 58 S. 8° [K 04

279 Siemonsen, Ludwig: Über die Constitution des β-Methylallantoins. (Leipzig 1904: Leipz. Tagebl.) 45 S., 1 Bl. 8° [H 04
[Ersch. auch in: Liebigs Annalen d. Chemie. Bd 334, 1904.]

280 Steimmig, Franz: Zur Theorie der Beizfärbungen. Dresden 1904: Adolph. 94 S., 1 Bl. 8° [Dr 04

281 Bauer, Max: Über die Kondensation von Phtalsäureanhydrid mit Phenyl-methylpyrazolon. Neuss a. Rh. 1905: Neuss-Grevenbroicher Zeitung. 60 S., 1 Tab. 8⁰ [M 05

282 Bock, Paul: Zur Kenntnis der Isobernsteinsäure. Braunschweig 1905: Vieweg. 34 S., 1 Bl. 8⁰ [Brn 05
[Im Ausz. in: Liebigs Annalen d. Chemie. Bd 347, 1906.]

283 Fischer, Paul: Triphenylchlormethan in seinen chemischen Wirkungen als Säurechlorid. Dresden 1905: Adolph. 46 S., 1 Bl. 8⁰ [Dr 05

284 Flessa, Franz: Über die Konstitution des Dianilido-μ-cyanhydrobenzoïn und homologe Verbindungen. Nürnberg 1905: C. Flessa. 63 S. 8⁰ [M 05

285 Greifenhagen, Heinrich: Zur Kenntnis der Sulfocarbanilide. Dresden 1905: Adolph. 59 S. 8⁰ [Dr 05

286 Grieb, Karl: Einwirkung Magnesiumorganischer Verbindungen auf Alde-hyde, Ketonalkohole u. ⟨1,2⟩Diketone. Stuttgart 1905: J. Fink. 50 S. 8⁰ [S 05

287 Grolée, André: Über Nitrile arylierter Glycine. Borna-Leipzig 1906: Noske. 74 S., 1 Bl. 8⁰ [Dr 05
[Im Ausz. in: Berichte d. deutschen chem. Gesellschaft. Jg. 39, 1906.]

288 Hartmann, Ernst: Über 1,3,6-Trioxynaphthalin. Braunschweig 1905: Vieweg. 32 S. 8⁰ [Brn 05
[Im Ausz. in: Berichte d. deutschen chem. Gesellschaft. Jg. 38, 1905.]

289 Hartwig, Ludwig: Untersuchungen über die Einwirkung von Harnstoff auf Verbindungen der Cyanessigsäure. Braunschweig 1905: Vieweg. 52 S. 8⁰ [Brn 05

290 Herz, Paul: Über den Bidioxymethylenindigo, seinen Auf- und Abbau. Berlin 1905: (A. W. Schade). 34 S. 8⁰ [Be 05

291 Herzog, Gustav: Über Umwandlungen des Hydrocyancarbodiphenylimids. Nürnberg 1905: Wilh. Tümmel. 40 S. 8⁰ [M 05
[Im Ausz. in: Journal f. prakt. Chemie. N. F. Bd 73, 1906.]

292 Hoebel, Otto: Über Alkylderivate des Methyluracils. Hannover 1906: Vereinsbuchdr. 34 S. 8⁰ [H 05

293 Hofer, Georg: Kondensation von Phenylanilidoacetonitril und Zimtaldehyd. München 1905: H. Kutzner. 23 S. 8⁰ [M 05

294 Hufschmidt, Carl: Die Oxydation der methylierten Methyluracile und die Nitrierung des Trimethyluracils. Hannover 1905: Vereinsbuchdr. 34 S. 8⁰ [H 05
[Im Ausz. in: Liebigs Annalen d. Chemie. Bd 343, 1905.]

295 Ichenhäuser, Ernst: Über einige Disazofarbstoffe aus Phenol und Kre-solen. Fürth i. B. [1905]: Lion. 40 S. 8⁰ [M 05

296 Kropf, Fritz: Über Kondensationen des Cotarnins. Berlin 1905: (A. W. Schade). 33 S. 8⁰ [Be 05
[Im Ausz. in: Berichte d. deutschen chem. Gesellschaft. Jg. 37, 1904.]

297 Lehmann, Arthur: Einwirkung von 2,4 Dinitrochlorbenzol u. Pikrylchlorid auf Amidokörper. Dresden 1905: Philipp. 44 S., 1 B. 8⁰ [Dr 05

298 Litter, Hans: Beitrag zur Frage der Konstitution des Murexids und der Purpursäure. Dresden 1905: Adolph. 89 S. 8⁰ [Dr 05
[Im Ausz. in: Journal f. prakt. Chemie. N. F. Bd 73, 1906.]

299 Manns, Jacob: Zur Kenntnis der Kondensation aromatischer O-Amido-ketone. Über Normal-Propyl- u. Isopropylanthranil. Straßburg i. E. 1905: C. & J. Goeller. 88 S. 8⁰ [K 05

300 Offe, Gustav: Die Oxydation von Derivaten des Methyluracils und des Uracils. Leipzig-Reudnitz 1905: Aug. Hoffmann. 44 S. 8⁰ [H 05

301 Osten, Hans: Über Nitrierung bei Gegenwart von Phosphorsäureanhydrid und Beiträge zur Kenntnis des Trioxydihydromethyluracils. Leipzig 1905: E. Polz. . 1 Bl., 32 S. 8°   [H 05
[Im Ausz. in: Liebigs Annalen d. Chemie. Bd 343, 1905.]

302 Pfnister, Paul: Über Chinazoline aus Thioharnstoffen. Borna-Leipzig 1905: Noske. 1 Bl., 54 S. 8°   [Dr 05

303 Pohl, Franz: Über Abkömmlinge des Dicyandiamids und die Frage seiner Konstitution. Dresden 1905: Adolph. 63 S. 8°   [Dr 05

304 Schulze, Armin: Über Abkömmlinge des Ortho-Oxychinolins. Dresden 1905: Adolph. 40 S. 8°   [Dr 05

305 Schwab, Georg: Beiträge zur Kenntnis des Cinchotoxins und Chinotoxins. Diessen ⟨Bayern⟩ [1905]: Jos. C. Huber. 32 S. 8°   [M 05
[Im Ausz. in: Berichte d. deutschen chem. Gesellschaft. Jg. 38, 1905.]

306 Seidel, Arno: Zur Kenntnis von Mono- und Diaethyl-m-amidophenol und ihren Abkömmlingen. Dresden 1905: Oscar Laube. 46 S., 1 Bl. 8° [Dr 05

307 Stockmayer, Hugo: Über das Anisyl-phenyl-propen und andere aus dem Anisyl-phenyl-keton mittels der Grignardschen Methode erhaltene Verbindungen. Stuttgart 1905: Strecker & Schröder. VIII, 42 S. 8° [S 05
[Im Ausz. in: Berichte d. deutschen chem. Gesellschaft. Jg. 37, 1904.]

308 Tögel, Karl: Zur Kenntnis der Grignard'schen Reaktion. Braunschweig 1905: Vieweg. 39 S., 1 Taf. 8°   [Brn 05
[Ersch. auch in: Liebigs Annalen d. Chemie. Bd 347, 1906.]

309 Vicari, Ferdinand: Über die Konstitution des o-Tolidins. München 1905: C. Wolf. 39 S. 8°   [M 05
[Im Ausz. in: Berichte d. deutschen chem. Gesellschaft. Jg. 37, 1904.]

310 Weis, August: Untersuchungen in der Pyridinreihe. Karlsruhe 1905: Badenia. 56 S. 8°   [K 05

311 Wiegandt, Friedrich: Über α-Methyl- und α-Phenylstilben, sowie den Methylenäther des 3.4.Dioxystilbens und deren Bromide. Plieningen 1905: Friedr. Find. 59 S. 8°   [S 05
[Im Ausz. in: Berichte d. deutschen chem. Gesellschaft. Jg. 37, 1904.]

312 Zirngibl, Emil: Zur Kenntnis der Einwirkung des Formaldehyds auf α-Pikolin. München 1905: Max Volk. 49 S. 8°   [M 05
[Im Ausz. in: Berichte d. deutschen chem. Gesellschaft. Jg. 39, 1906.]

313 Adam, Richard: Über den Einfluss der Kohlenstoffdoppelbindung auf die Farbe von Azomethinverbindungen. Dresden 1906: Adolph. 60 S. 8° [Dr 06

314 Antonaz, Aldus: Zur Kenntnis der Chinaalkaloïde. München 1906: C. Wolf. 33 S. 8°   [M 06

315 Baechler, Max: Über ein Oxydationsprodukt des Alizarins mit Ferricyankalium in alkalischer Lösung. Karlsruhe 1907: Ernst Stiess. 62 S. 8° [K 06

316 Bernhard, Rudolf: Über einige zum Dianilido-μ-cyanhydrobenzoïn in Beziehung stehende Verbindungen. München 1906: J. Fuller. 51 S., 2 Taf., 1 Bl. 8°   [M 06

317 Denicke, Gustav: Über die Oxydation der Harnsäure bei Gegenwart von Ammoniak. Leipzig 1906: Julius Klinkhardt. 34 S. 8°   [H 06
[Ersch. auch in: Liebigs Annalen d. Chemie. Bd 349, 1906.]

318 Eberle, Fritz: Über Abkömmlinge des β-Amido-Anthrachinons. Karlsruhe 1906: Ernst Stiess. 82 S., 1 Bl. 8°   [K 06

319 Frank, Hermann: Über das p-Nitrobenzolazoresorcin, einige seiner Derivate sowie sein physikalisch-chemisches Verhalten als Farbstoff. Plieningen 1907: Friedr. Find. 78 S. 8°   [S 06

320 Grombach, Adolf: Über fluorogene Chromophore. Würzburg 1906: C. J. Becker. 94 S., 1 Tab. 8⁰ [S 06

321 Hauenstein, Leonhard: Beiträge zur Kenntnis des Karbazols. Freiberg i. Sa.: Craz & Gerlach 1907. 32 S. 8⁰ [M 06
[Im Ausz. in: Journal f. prakt. Chemie. N. F. Bd 76, 1907.]

322 Heilbronner, Wilhelm: Über die Sulfurierung des o-Nitro-o-kresols. München 1906: C. Wolf. 40 S., 8⁰ [M 06

323 Henseling, Friedrich: Über Methanbildung bei niederen Temperaturen. Karlsruhe 1906: Braun. 3 Bl., 79 S. 8⁰ [K 06

324 Hiemenz, Wilhelm: Über Nitroketotetrahydrochinoxaline und deren Reduktionsprodukte. Würzburg 1906: C. J. Becker. 55 S. 8⁰ [Dst 06

325 Hofmann, Alexander: Über das o-Anethol nebst einigen Nachträgen zur Kenntnis des p-Anethols. Plieningen 1906: Friedr. Find. 64 S. 8⁰ [S 06

326 Jetter, Wilhelm: Über das 1,3 Diphenylpropenol und Derivate. Plieningen 1906: Friedr. Find. 53 S. 8⁰ [S 06

327 Kalb, Otto: Über die Nitrosierung von Acetyl-para-amidophenol u. Diacetyl-diamidophenol 1.2.4. Nürnberg 1907: Wilh. Tümmel. 50 S., 1 Bl. 8⁰ [M 06

328 Kießling, Walther: Über die Condensation von Acetessigester mit Phenyl-harnstoff. Leipzig 1906: Julius Klinkhardt. 31 S. 8⁰ [H 06
[Ersch. auch in: Liebigs Annalen d. Chemie. Bd 349, 1906.]

329 Kohlhaus, Wilhelm: Beiträge zur Kenntnis der Farbstoffe der Kongoreihe. Borna-Leipzig 1907: Noske. 1 Bl., 64 S., 1 Bl. 8⁰ [M 06

330 Kunst, Friedrich: Untersuchung höherer Fraktionen eines Petroleumgasteers. München 1906: L. Mössl. 3 Bl., 57 S., 1 Bl. 8⁰ [M 06

331 Laue, Otto: Zur Konstitution der gemischten Azoverbindungen. München 1906: C. Wolf. 67 S. 8⁰ [M 06
[Im Ausz. in: Berichte d. deutschen chem. Gesellschaft. Jg. 39, 1906.]

332 Leypold, Karl: Über Metaanethol und 3-Methoxystilben sowie den Einfluß der Metastellung der Methoxylgruppe auf die Eigenschaften derartiger Verbindungen und ihrer Derivate. Würzburg 1906: C. J. Becker. VIII, 101 S. 8⁰ [S 06

333 Löbering, Max: Zur Konstitution des Chinonaphtalons und Beiträge zur Frage der Konstitution des Pyrophtalons. München 1907: J. Fuller. 63 S. 8⁰ [M 06
[Im Ausz. in: Berichte d. deutschen chem. Gesellschaft. Jg. 39, 1906.]

334 Lohse, Fritz: Die Bromcyanpyridinreaktion und ihre Anwendung auf einige Arylamin-sulfon- und carbonsäuren. Borna-Leipzig 1906: Noske. 84 S., 1 Bl. 8⁰ [Dr 06

335 Luft, Max: Über cyklische Basenderivate des 4-Aminoantipyrins. Berlin 1906: (A. W. Schade). 36 S. 8⁰ [Be 06
[Im Ausz. in: Berichte d. deutschen chem. Gesellschaft. Jg. 38, 1905.]

336 Pfotenhauer, Herm[ann]: Studien in der Phtaleïngruppe. Braunschweig 1906: Vieweg. 43 S. 8⁰ [Brn 06

337 Rennebaum, Fritz: Über das Verhalten von 3-Nitroparakresol zu Schwefelsäure. Bamberg 1906: Handelsdruckerei. 36 S. 8⁰ [M 06

338 Sahland, Hugo: Zur Kenntnis des Carbonylaminophenols und Carbonylaminonaphtols sowie einiger Abkömmlinge. Borna-Leipzig 1906: Noske. 1 Bl., 38 S., 1 Bl. 8⁰ [Dr 06

339 Saring, Benno: Versuche über eine Methode zur Bestimmung des Sauerstoffes in organischen Körpern und Zersetzung organischer Körper bei bestimmter konstanter Temperatur. München 1907: B. Heller. 36 S. 8⁰ [Dr 06

340 Schall, Richard: Über synthetische Versuche mit Amidodiphensäuren und Studien in der Karbazolreihe. Stuttgart 1906: Union. 1 Bl., 50 S. 8°   [S 06

341 Schwalbe, A[rthur]: Über Ω-Sulfonsäuren und Ω-Cyanide aromatischer Amine. Dresden 1906: Adolph. 71 S. 8°   [Dr 06
[Im Ausz. in: Berichte d. deutschen chem. Gesellschaft. Jg. 39, 1906.]

342 Seeligmann, Franz: Beiträge zur Kenntnis der Polymerisation. Karlsruhe 1906: Ernst Stiess. 75 S. 8°   [K 06

343 Seyde, Franz: Beiträge zur Kenntnis der Sulfitreaktion. Dresden 1906: Adolph. 94 S., 1 Bl. 8°   [Dr 06
[Ersch. auch in: Journal f. prakt. Chemie. N. F. Bd 75, 1907.]

344 Siebert, Werner: Über Azofarbstoffe der Triphenylmethanreihe und deren Lackbildungsvermögen. Berlin [1906]: G. Schade. 69 S., 1 Bl. 8° [Dst 06

345 Steinkopf, Wilhelm: Versuche zur Synthese des Nitroacetonitrils. Über die Küpenprodukte des Indanthrens. Karlsruhe 1906: Ludw. Kaiser. 67 S. 8°   [K 07
[Im Ausz. in: Berichte d. deutschen chem. Gesellschaft. Jg. 37, 1904.]

346 Teichner, Herbert: Über 1,2-Naphtochinon und Derivate desselben. Hamburg 1906: H. O. Persiehl. 48 S. 8°   [M 06

347 Verbeek, Paul: Beiträge zur Kenntnis der Darstellung des Schwefelkohlenstoffs. Dresden 1906: Wagner & Sprung. 85 S. 8°   [Dr 06

348 Voigt, Otto: Über die Acetylierung der Zellulose. Goslar a. Harz [1906]: F. A. Lattmann. 31 S. 8°   [H 06
[Im Ausz. in: Zeitschrift f. angewandte Chemie. Jg. 19, 1906.]

349 Weitzner, Emil: Versuche zur Synthese des α-Methylallantoins. (Hannover) 1907: (Vereinsbuchdr.). 22 S. 8°   [H 06

350 Witte, Karl: Über Kondensationsprodukte des Hydrochinons. Braunschweig 1906: Vieweg. 27 S. 8°   [Brn 06
[Im Ausz. in: Berichte d. deutschen chem. Gesellschaft. Jg. 41, 1908.]

351 Albrecht, Rudolf: Über den Ursprung der optischen Aktivität des Erdöles. Karlsruhe 1907: Friedr. Gutsch. 103 S. 8°   [K 07

352 Celichowski, Kasimir: Über β-Methyläskuletin u. Äskuletin-β-carbonsäure. Berlin 1907: (A. W. Schade). 41 S. 8°   [Be 07

353 Claußner, Paul: I. Über Oxydation der Xylole und des Mesitylens sowie einige Derivate derselben. II. Zur Kenntnis der Oxalessigsäure und verwandter Verbindungen. Danzig-Langfuhr 1907: (G. Schade, Berlin). 45 S. 8°   [Dz 07

354 Franck, Willy: Über sterische Hinderung bei Derivaten des Nitroresorcindimethyläthers. Esslingen 1908: F. & W. Mayer. 62 S., 1 Bl. 8° [S 07
[Im Ausz. in: Berichte d. deutschen chem. Gesellschaft. Jg. 40, 1907.]

355 Gutmann, S[alomon]: Über die Einwirkung von Aminen auf die Chinonsulfosäure. (Berlin) 1907: (A. W. Schade). 31 S. 8°   [M 07

356 Henning, Wilhelm: Beitrag zur Kenntnis der tri- und dimolekularen Nitrile. Borna-Leipzig 1907: Noske. 1 Bl., 50 S., 1 Bl. 8°   [Dr 07
[Im Ausz. in: Berichte über d. Verhandl. d. kgl. sächs. Gesellschaft d. Wissenschaften. Math.-physikal. Klasse. Bd 60, 1908.]

357 Herrschel, Paul: Über Kondensationen von Phenoxylessigester mit Cyaniden. Dresden 1907: (Lehmann). 67 S., 1 Bl. 8°   [Dr 07

358 Irmscher, Camillo: Über Kondensation von Dinitrilen mit ungesättigten Ketonen, sowie Ketonsäureestern. Dresden 1907: Adolph. 49 S. 8° [Dr 07
[Im Ausz. in: Berichte über d. Verhandl. d. kgl. sächs. Gesellschaft d. Wissenschaften. Math.-physikal. Klasse. Bd 60, 1908.]

359 Kautzsch, J[ohannes]: Die Chlorierung von Äthylchlorid mit Äthyliden-
chlorid im ultravioletten Licht. Strassburg 1907: Du Mont Schauberg.
27 S. 8°   [Dst 07
[Im Ausz. in: Journal f. prakt. Chemie. N. F. Bd 80, 1909.]

360 Lehrburger, Karl: Über die Sulfurierung des o-Nitro-m-Kresols. München
1907: A. Meindl, Pasing. 34 S. 8°   [M 07

361 Marx, Karl: Studien über die Tautomerie des Succinylchlorides. Hildesheim 1907: Aug. Lax. 42 S. 8°   [Brn 07
[Im Ausz. in: Berichte d. deutschen chem. Gesellschaft. Jg. 41, 1908.]

362 Mezger, Robert: Beiträge zur Chemie des Phenanthrens und Fluorens.
Tübingen 1907: H. Laupp jr. VI, 56 S., 4 Tab. 8°   [S 07
[Im Ausz. in: Berichte d. deutschen chem. Gesellschaft. Jg. 40, 1907.]

363 Moser, Hans: Über die Addition von Brom an Stilben, α-Methylstil-
ben, Benzalmalonester u. seine Derivate. Würzburg 1908: C. J. Becker.
61 S. 8°   [S 07
[Im Ausz. in: Berichte d. deutschen chem. Gesellschaft. Jg. 40, 1907.]

364 Näbe, Fritz: Zur Kenntnis des Cyanurbromids. Borna-Leipzig 1907:
Noske. 1 Bl., 51 S., 1 Bl. 8°   [Dr 07

365 Neovius, Werner: I. Versuche zur Darstellung von Diphtaloxylcarbazolen.
II. Über zwei neue Reproduktionsprodukte des Flavanthrens. Helsing-
fors 1908: J. Simelii Erben. VIII, 51 S. 8°   [K 07
[Im Ausz. in: Berichte d. deutschen chem. Gesellschaft. Jg. 41, 1908.]

366 Nicolaus, Arthur: Zur Kenntnis des Diphenylcarbaminsäurechlorids. Borna-
Leipzig 1907: Noske. 42 S., 1 B. 8°   [Dr 07

367 Nover, Wilhelm: Über Emeraldin. Halle a. S. 1907: (Waisenhaus).
32 S. 8°   [Dst 07
[Im Ausz. in: Berichte d. deutschen chem. Gesellschaft. Jg. 40, 1907.]

368 Röhler, Robert: Zur Konstitution der Chinophtalone. Nürnberg 1907:
Rob. Stich. 61 S., 1 Bl. 8°   [M 07

369 Rother, Paul B.: Die Bestimmung der Aldehyde u. Ketone zur Bewertung
ätherischer Öle. Borna-Leipzig 1907: Noske. 1 Bl., 47 S., 1 Bl. 8°   [Dr 07

370 Schäffer, Adolf: Über die Einwirkung von konzentrierter Schwefelsäure
auf Chinolin bei höherer Temperatur und Gegenwart von Quecksilber-
sulfat. München 1908: J. Fuller. 2 Bl., 31 S. 8°   [M 07

371 Scheller, Emil: Über die Kondensation von Propylenbromid mit Natracet-
essigester. München 1907: J. Fuller. 2 Bl., 47 S. 8°   [M 07

372 Schohl, Max: Über Fulvenperoxyde. Ein Beitrag zur Kenntnis der Autoxydation. Karlsruhe 1907: Braun. 84 S., 2 Bl 8°   [K 07

373 Seer, Christian: Versuche zur Einführung mehrerer Phtalsäurereste in
aromatische Verbindungen und zur Darstellung neuer Küpenfarbstoffe
der Anthracenreihe. Anhang: Über die Reduktion der o-Benzoylbenzoe-
säure. Karlsruhe 1908: Ernst Stiess 103 S. 8°   [K 07

374 Seidel, Friedrich: Studien über den Zellulosedarstellungsprozeß und eine
Methode für Bestimmung des Reinheitsgrades von Zellulosen. Borna-
Leipzig 1907: Noske. 1 Bl., 81 S., 1 Bl. 8°   [Dr 07

375 Baumann, Morand Leo: Über Hydrazinderivate des Di-p-diamidodiphenyl-
methans und Di-p-diamidodi-o-tolylmethans. Basel 1908: Friedr. Reinhardt. 47 S. 8°   [Dst 08

376 Beyschlag, Heinrich: Über die Einwirkung von Schwefel auf Meta-To-
luylendiamin. Borna-Leipzig 1908: Noske. VIII, 71 S. 8°   [M 08
[Im Ausz. in: Berichte d. deutschen chem. Gesellschaft. Jg. 42, 1909.]

377 Bogisch, Alfred: Über die Einwirkungsprodukte magnesiumorganischer
      Verbindungen auf das o-methoxy-tolyl-phenyl-keton und das o-methoxy-
      tolyl-methyl-keton sowie den Einfluss der Parastellung der Methoxyl-
      gruppe auf die Eigenschaften derartiger Verbindungen. Stuttgart 1908:
      J. Fink. 91 S. 8⁰   [S 08

378 Bohrmann, L[udwig]: Das Nitroacetonitril. Karlsruhe 1908: Ernst Stiess.
      58 S., 2 Bl. 8⁰   [K 08
      [Im Ausz. in: Berichte d. deutschen chem. Gesellschaft. Jg. 41, 1908.]

379 Brodal, Peter: Versuche zur Darstellung von Paranitrobenzaldehyd. Darm-
      stadt 1908: Herbert Nachf. 36 S., 2 Bl. 8⁰   [Dst 08

380 Christie, Grahame M.: Studien über das Verhalten der Steinkohlenstickstoff-
      Verbindungen bei höherer Temperatur in bezug auf deren Konstitution.
      Aachen 1908: Aachener Verlags- u. Druckerei-Gesellsch. 56 S., 1 Taf. 8⁰ [A 08

381 Dachs, Julius: Beiträge zur Kenntnis der Torulaceen. München 1908:
      A. Fröhlich. 66 S. 8⁰   [M 08

382 Dahmen, Reiner: Über den Aufbau von Diphenylaminderivaten aus p-Ni-
      trochlorbenzol. Berlin 1908: (E. Ebering). 59 S., 2 Bl. 8⁰ [Be 08
      [Im Ausz. in: Berichte d. deutschen chem. Gesellschaft. Jg. 41, 1908.]

383 Fritz, Immanuel: Über Derivate des Hydrochinons. Würzburg 1908:
      C. J. Becker. 120 S., 1 Taf. 8⁰   [S 08

384 Gebauer, Rudolf: Beiträge zur Kenntnis des Aminokaffeïns, des Oxy-
      kaffeïns, des Thiokaffeïns und ihrer Derivate. Dresden 1908: Lehmann.
      74 S., 1 Bl. 8⁰   [Dr 08

385 Haslinger, Carl: Über die Einwirkung von Äthylamin auf Isatine. Berlin
      1908: (A. W. Schade). 52 S. 8⁰   [Be 08
      [Im Ausz. in: Berichte d. deutschen chem. Gesellschaft. Jg. 40 u. 41, 1907
      u. 1908.]

386 Herzfeld, Eugen: Beiträge zur Kenntnis des Pseudocumols. München
      1908: Münchener Verlagsdruckerei. 42 S. 8⁰   [M 08
      [Im Ausz. in: Berichte d. deutschen chem. Gesellschaft. Jg. 42, 1909.]

387 Hofmann, Adolf: Über die Hydrazone der Zucker. (Hannover 1908:
      Vereinsbuchdr.). 61 S. 8⁰   [H 08
      [Ersch. auch in: Liebigs Annalen d. Chemie. Bd 366, 1909.]

388 Jochheim, Hermann: Zur Kenntnis der Halogenindigotine und ihrer Sulfo-
      säuren. Darmstadt 1908: Heinr. Menzlaw. 52 S., 1 Bl. 8⁰   [Dst 08
      [Im Ausz. in: Berichte d. deutschen chem. Gesellschaft. Jg. 41, 1908.]

389 Kaufmann, Ludwig: Über die Einwirkung von unterchloriger Säure auf
      Olefinphenole und Olefinphenoläther. München 1908: J. Fuller. 1 Bl.,
      22 S. 8⁰   [M 08

390 Kuhn, Eugen: Über Ghedda-Wachs ⟨Ostindisches Wachs⟩. München 1909:
      J. Fuller. 2 Bl., 42 S. 8⁰   [M 08

391 Levi, Richard: Über hydrocyklische α-Aminosäuren. Karlsruhe 1908:
      Jul. Liepmannssohn. 69 S. 8⁰   [K 08
      [Im Ausz. in: Berichte d. deutschen chem. Gesellschaft. Jg. 41, 1908.]

392 Lohr, Friedrich: Über die Phenylhydrazone der Glucose. Hannover 1908:
      Vereinsbuchdr. 52 S. 8⁰   [H 08
      [Ersch. auch in: Liebigs Annalen d. Chemie. Bd 362, 1908.]

393 Lux, Emil: Über die Beweglichkeit der Wasserstoffatome der Methylengruppe
      in Verbindungen der allgemeinen Formeln: RSO_2CH_2CN, $RSO_2CH_2CONH_2$,
      $RSO_2CH_2COOC_2H_5$. Würzburg 1909: C. J. Becker. 62 S. 8⁰ [Brn 08
      [Ersch. auch in: Archiv d. Pharmazie. Bd 247, 1909.]

                                                                        4

394 Masur, Tobias: Über die Bildung einiger neuer Akridinfarbstoffe aus Ab-
     kömmlingen des Diaminodiphenylmethans. Hildesheim 1908: Aug. Lax.
     36 S. 8⁰   [Brn 08

395 Müller, Otto: Beiträge zur Erforschung der Angosturaalkaloide. Würz-
     burg 1909: C. J. Becker. 72 S. 8⁰   [Brn 08
     [Im Ausz. in: Apotheker-Zeitung. Jg. 24, 1909.]

396 Niemeyer, Rudolf: Über die Kondensation von Hydantoin mit Form-
     aldehyd. (Hannover 1908: Vereinsbuchdr.) 28 S., 1 Taf. 8⁰   [H 08

397 Puttkammer, Georg: Über Säureadditionsprodukte von Dimethylazo-
     benzolhydrazonen. Würzburg 1908: C. J. Becker. 39 S. 8⁰   [Brn 08
     [Im Ausz. in: Journal f. prakt. Chemie. N. F. Bd 78, 1908.]

398 Roch, Heinrich: Zur Kenntnis der Thiazole. Borna-Leipzig 1908: Noske.
     69 S., 1 Bl. 8⁰   [Dr 08

399 Schaal, Oscar: Über die Verwendung von Cyclohexylmagnesiumjodid zur
     Synthese von Verbindungen der alicyclischen Reihe. Beiträge zur
     Kenntnis der Grignard'schen Reaktion. Würzburg 1909: C. J. Becker.
     58 S. 8⁰   [S 08

400 Schärtel, Georg: Über einige Kondensationsprodukte aus Salicyliden- und
     Hydrocyansalicylidenanilin. München 1908: C. Wolf. 54 S. 8⁰   [M 08
     [Im Ausz. in: Berichte d. deutschen chem. Gesellschaft. Jg. 43, 1910.]

401 Schmidt, Maximilian P.: Über die Einwirkung von Bisulfit auf Hydrazine
     spez. Naphtylhydrazine. Dresden 1908: Adolph. 70 S., 1 Bl. 8⁰ [Dr 08
     [Ersch. auch in: Journal f. prakt. Chemie. N. F. Bd 79, 1909.]

402 Schultz, Roland: Zur Oxydation der Harnsäure in alkalischer Lösung.
     Hannover 1908: (Osterwald). 29 S. 8⁰   [H 08

403 Schwabe, Erwin: Zersetzungsweisen tetraalkylierter Ammoniumverbin-
     dungen. Borna-Leipzig 1908: Noske. 53 S., 1 Bl. 8⁰   [Dr 08

404 Schwarz, Willy: Über die Sulfonierung von p-Nitro-m-Kresol. Nürnberg
     1908: C. Flessa. 44 S. 8⁰   [M 08

405 Söll, Julius: Über die Gewinnung von Morpholchinon aus Phenanthren.
     Tübingen 1908: H. Laupp jr. 3 Bl., 54 S. 8⁰   [S 08
     [Im Ausz. in: Berichte d. deutschen chem. Gesellschaft. Jg. 41, 1908.]

406 Söllner, Fritz: Zur Kenntnis des Dimethylol α Pikolins. München 1909:
     J. Fuller. 2 Bl., 34 S. 8⁰   [M 08

407 Sonnenburg, Ernest Friedrich: Beiträge zur Anwendung der Sulfitreaktion.
     Teplitz-Schönau 1908: Weigend. 85 S., 1 Bl. 8⁰   [Dr 08

408 Spanier, Eugen: Zur Kenntnis der Wirkung des Schwefels auf Kohlen-
     wasserstoffe und des Schwefelgehaltes der Erdöle. Berlin 1910: Wilh.
     Pilz. 64 S. 8⁰   [K 08

409 Spitz, Carl: Chinolinderivate des 1,5 Naphtylendiamins. Wiesbaden 1908:
     Bechtold. 29 S., 1 Bl. 8⁰   [Dst 08
     [Im Ausz. in: Journal f. prakt. Chemie. N. F. Bd 79, 1909.]

410 Starke, Kurt: Zur Kenntnis der Dinitrile. Borna-Leipzig 1908: Noske.
     2 Bl., 51 S., 1 Bl. 8⁰   [Dr 08

411 Trucksaess, Hans: Über Glaukophansäure. Berlin 1908: (E. Ebering).
     49 S., 1 Bl. 8⁰   [Be 08
     [Im Ausz. in: Berichte d. deutschen chem. Gesellschaft. Jg. 42, 1909.]

412 Uhlmann, Armin: Über die Anwendung der Sulfitreaktion auf einige Ana
     (1.5)-Derivate des Naphtalins. Dresden 1908: Adolph. 83 S. 8⁰ [Dr 08
     [Ersch. auch in: Journal f. prakt. Chemie. N. F. Bd 80, 1909.]

413 Ulrich, Henry: Über Isatosäureanhydrid. Borna-Leipzig 1908: Noske. 61 S. 8° [Dr 08
[Im Ausz. in: Journal f. prakt. Chemie. N. F. Bd 79, 1909.]

414 Würzner, Kurt: Zur Kenntnis der Oxythiazoline. Borna-Leipzig 1908: Noske. 38 S., 2 Bl. 8° [Dr 08

415 Ardan, Alexander: Über Naphtene und Naphtensäuren. Karlsruhe 1910: Friedr. Gutsch. 67 S. 8° [K 09

416 Bartz, Rudolf: Über die Bromierung des Cinchotoxins. München 1909: Bickel Söhne. 47 S., 1 Taf. 8° [M 09

417 Bossel, Gustav N.: Zur Kenntnis der o-Amidosalicylsäure. Borna-Leipzig 1909: Noske. 45 S., 1 Bl. 8° [Dr 09

418 Breitwieser, Wilhelm: Über die Reduktion von Cyanchinolinen mit Natrium und Alkohol. Darmstadt 1909: H. Uhde. 19 S. 8° [Dst 09
[Im Ausz. in: Journal f. prakt. Chemie. N. F. Bd 79, 1909.]

419 Danaila, Negoitza: Über die Konstitution der Phenol- und Dimethylanilinisatine und ihrer Farbabkömmlinge. Berlin [1909]: E. Ebering. 67 S. 8° [Be 09

420 Desamari, Kurt: Über das »Tribromresochinon«. Würzburg 1909: C. J. Becker. 60 S. 8° [Brn 09
[Im Ausz. in: Berichte d. deutschen chem. Gesellschaft. Jg. 42, 1909.]

421 Dorfmüller, Gustav: Über die Constitution des β. Bromkarmins. München 1910: J. Fuller. 1 Bl., 30 S. 8° [M 09
[Im Ausz. in: Berichte d. deutschen chem. Gesellschaft. Jg. 43, 1910.]

422 Dyckerhoff, Kurt: Beiträge zur Autoxydation organischer Stoffe. Karlsruhe 1910: Braun. 1 Bl., 82 S., 1 Bl. 8° [K 09

423 Elia, Alceo D': Über Nitro- und Amidoderivate des Chinolins. München 1909: J. Fuller. 27 S. 8° [M 09

424 Feinmann, Isidor: Über einige Aminsäuren, Imide u. Isoimide zweibasischer Säuren. Würzburg 1909: C. J. Becker. 36 S. 8° [Brn 09

425 Feistmann, Fritz: Über Erythrodextrin II α und Amylose. München 1909: H. Kutzner. 37 S. 8° [M 09

426 Franke, Max: Styrylaminverbindungen. Verhalten quartärer Styrylammoniumverbindungen gegen nascierenden Wasserstoff. Braunschweig 1909: C. J. Becker, Würzburg. 52 S. 8° [Brn 09
[Im Ausz. in: Archiv d. Pharmazie. Bd 247, 1909.]

427 Franz, Friedrich: Beiträge zum Nachweis und zur Kenntnis des Erdnussöles. Dresden 1910: Th. Beyer. 47 S. 8° [M 09

428 Halmai, Béla: Beiträge zur Kenntnis der optischen Aktivität und der Entstehung der Naphtene des Erdöls. Karlsruhe 1909: Braun. 73 S., 1 Bl. 8° [K 09

429 Heuser, Emil: Über Oxalmalonsäureester. Greifswald 1909: Hans Adler. 59 S. 4°(8°) [K 09

430 Hollaender, Josef: Studien in der Cumarinreihe. Berlin 1909: (A. W. Schade). 66 S., 1 Bl. 8° [Be 09

431 Kayser, Eberhard: Über die neutralen Kohlenwasserstoffe des Imprägnieröls. München 1909: F. Straub. 70 S., 1 Taf. 8° [M 09

432 Kissin, Schmul-Juda: Zur Kenntnis der Phtaleïoxime. Hildesheim 1909: Aug. Lax. 32 S. 8° [Brn 09
[Im Ausz. in: Berichte d. deutschen chem. Gesellschaft. Jg. 42, 1909.]

433 Köhres, Hans: Über Derivate des m-Brom-o-Amidobenzamids und m-Brom-o-Amidobenzhydrazids. Darmstadt 1909: L. Simon. 27 S 8° [Dst 09

4*

434 Lindner, Bernhard: Beiträge zur Untersuchung von Tranen. Halle a. S.
     1909: R. P. Nietschmann. 62 S. 8⁰   [Brn 09

435 Ludewig, Wilhelm: Über die Kondensation von β-Naphtaldehyd mit Bern-
     steinsäure und einen neuen Übergang vom Naphtalin zum Phenanthren.
     Hannover 1910: Vereinsbuchdr. 51 S. 8⁰   [H 09

436 Lumpp, Hermann: Über Oxyphenanthrene und deren Abkömmlinge.
     Plieningen 1909: Friedr. Find.' 66 S. 8⁰   [S 09
     [Im Ausz. in: Berichte d. deutschen chem. Gesellschaft. Jg. 43, 1910.]

437 Michaelis, Kurt: Über die Reaktion der Gruppe (CO—CX = CX) in
     Chinon- und Indonkernen. Über die Reaktionen zwischen asymmetrisch
     substituierten Hydrazinen und Harnstoffderivaten. Berlin 1909: E. Ebe-
     ring. 63 S. 8⁰   [Be 09

438 Müller, Heinrich: Über ein Kondensationsprodukt aus Phtalsäureanhydrid
     und 1-Phenyl-3-methyl-5-Pyrazolon und Umwandlungen desselben. Mün-
     chen 1909: J. Fuller. 2 Bl., 38 S., 1 Bl. 8⁰   [M 09

439 Müller, Julius: Bromderivate des o-Amido- und o-Oxybenzaldehyds.
     München 1909: J. Fuller. 2 Bl., 31 S. 8⁰   [M 09
     [Im Ausz. in: Berichte d. deutschen chem. Gesellschaft. Jg. 42, 1909.]

440 Ostertag, Aug[ust]: Beiträge zur Kenntnis der Beizenfärbungen. Dresden
     1909: Adolph. 66 S., 1 Bl. 8⁰   [Dr 09

441 Perl, Alfred: Über einige im Steinkohlenteer neuentdeckte Kohlenwasser-
     stoffe. München 1909: F. Straub. 2 Bl., 50 S. 8⁰   [M 09
     [Im Ausz. in: Berichte d. deutschen chem. Gesellschaft. Jg. 42, 1909.]

442 Pordesch, Horst: Zur Kenntnis der Thiodiglycolsäure und Thioglycol-
     säure. Pirna 1909: Eberlein. 1 Bl., 57 S., 1 Bl. 8⁰   [Dr 09

443 Quensell, Hermann: Über Glycerinester der Stearolsäure und Behenol-
     säure. Berlin 1909: E. Ebering. 70 S., 1 Bl. 8⁰   [Be 09
     [Im Ausz. in: Berichte d. deutschen chem. Gesellschaft. Jg. 42, 1909.]

444 Rindl, Max: Studien über Trinitrochlornaphtaline. Berlin 1909: E. Ebering.
     53 S., 1 Bl. 8⁰   [Be 09

445 Rothschild, Max: Über Synthesen ringförmiger Verbindungen mittelst
     Dipropylmalonylchlorid und Succinylchlorid. Hildesheim 1909: Aug.
     Lax. 44 S., 1 Bl. 8⁰   [M 09

446 Routala ⟨Rosenqvist⟩, Oskar: Über die Bildung der Naphtene im Erdöl.
     Karlsruhe 1909: Braun. 111 S. 8⁰   [K 09
     [Im Ausz. in: Berichte d. deutschen chem. Gesellschaft. Jg. 42 u. 43, 1909
     u. 1910.]

447 Sander, Alexander: Das Äthylbenzol und seine Nitroderivate. Braun-
     schweig 1909: Vieweg. 3 Bl., 22 S., 1 Bl. 8⁰   [M 09
     [Im Ausz. in: Berichte d. deutschen chem. Gesellschaft. Jg. 42, 1909.]

448 Schenk, Eduard: Über die Reduktion von Pinen zu Pinan, Eigenschaften
     und chemisches Verhalten des letzteren. Hildesheim 1910: Aug. Lax.
     44 S. 8⁰   [M 09

449 Schertel, Wilhelm: Über die Einwirkung von rauchender Schwefelsäure
     auf Chinolin bei Wasserbadtemperatur und Gegenwart von Quecksilber-
     sulfat. München 1910: J. Fuller. 2 Bl., 39 S. 8⁰   [M 09

450 Stützel, Hermann: Studien in der Fluorenreihe. Tübingen 1909: H. Laupp
     jr. 3 Bl., 43 S. 8⁰   [S 09
     [Ersch. auch in: Liebigs Annalen d. Chemie. Bd 370, 1909.]

451 Surabekoff, Georg: Über die Einwirkung von Nitrobenzol auf Mono-
ketone bei Gegenwart von Natriumalkylat. München 1909: J. Fuller.
38 S. 8⁰   [M 09

452 Terres, Ernst: Synthesen von 1-2-Diamidoanthrachinon, Anthrachinon-
azinen und Indanthren. Über Nitramine aus α-Amidoanthrachinon und
1-5-Diamidoanthrachinon. Braunschweig 1910: Vieweg. 4 Bl., 42 S.,
1 Bl. 4⁰(8⁰)   [K 09

453 Thielsch, Max: Über das symmetrische Trichlornitrobenzol und verwandte
Verbindungen. Berlin 1909: (A. W. Schade). 40 S. 8⁰   [Be 09

454 Vlachos, Alkibiades: Über Kondensation des Formaldehyds mit Acetophenon. München 1909: J. Fuller. 2 Bl., 43 S. 8⁰   [M 09

455 Voerkelius, G[ustav] A[dolf]: Über die Entstehung der Blausäure aus
Ammoniak und Holzkohle, und aus Di- und Trimethylamin. Hannover
1909: Th. Schäfer. 32 S., 2 Taf. 8⁰   [H 09
[Im Ausz. in: Chemiker-Zeitung. Jg. 33, 1909.]

456 Westerkamp, Arthur: Beiträge zur Kenntnis der Azo-aryl-hydrazinsulfon-
säuren. Berlin [1909]: Denter & Nicolas. 46 S. 8⁰   [Brn 09
[Ersch. auch in: Archiv d. Pharmazie. Bd 247, 1909.]

457 Widmann, Karl Th.: Über die Einwirkung von Salpetersäure und von
salpetriger Säure auf Diketone und Ketonsäureester. Tübingen 1909:
H. Laupp jr. 88 S. 8⁰   [S 09

458 Wolff, Justus: Über 2.6-Dichlor-p-phenylendiamin. Berlin 1909: (A. W.
Schade). 35 S. 8⁰   [Be 09

459 Wolfsleben, Kurt: Über Naphtoresorcin und 1-3-Amidonaphtol. Stuttgart 1909: Union. 48 S. 8⁰   [Brn 09
[Im Ausz. in: Berichte d. deutschen chem. Gesellschaft. Jg. 44, 1911.]

460 Zeh, Wilhelm: Über die Condensation von Imidoäthern mit Amidoestern.
Darmstadt 1909: H. Uhde. 47 S. 8⁰   [Dst 09

461 Zschimmer, Bodo: Zur Kenntnis der Kondensationen von Alkoholen
und Äthern mit Kohlenwasserstoffen und Phenolen. Borna-Leipzig 1909:
Noske. 2 Bl., 48 S., 1 Bl. 8⁰   [Dr 09

462 Becker, Georg Albert: Über den Zusammenhang zwischen Farbe und
Konstitution der Pyridinfarbstoffe aus sekundären Aminen. Weida i. Th.
1910: Thomas & Hubert. 57 S. 8⁰   [Dr 10

463 Bereza, Stanislaus: Über Darstellung neuer Ketene und über Anlagerung
von Diphenylketen an substituierte Chinone. Karlsruhe 1910: Braun.
119 S. 8⁰   [K 10
[Im Ausz. in: Liebigs Annalen d. Chemie. Bd 380, 1911.]

464 Braun, Otto: Studien über Acetonaphtole. Stuttgart 1910: A. Bonz' Erben.
72 S., 1 Bl. 8⁰.   [Be 10

465 Bussjäger, Hermann: Über den Oxaethylacetessigester ⟨γ-Oxy-α-acetyl-
buttersäureester⟩ und seine Spaltungsprodukte. München 1910: J. Fuller.
1 Bl., 49 S. 8⁰   [M 10

466 Fischer, Ernst: Über Bromnitroderivate des Phenanthrenchinons. Jena:
G. Fischer 1910. 61 S., 1 Bl. 8⁰   [S 10

467 Frangopol, Dumitru: Zur Kenntnis der Naphtensäuren des rumänischen
Erdöls. München 1910: Kastner & Callwey. 84 S., 1 Bl. 8⁰   [M 10

468 Geiger, Otto: Beiträge zur Kenntnis der Oxyphenanthrene und Oxy-
phenanthrenchinone. Tübingen 1910: H. Laupp jr. 2 Bl., 61 S. 8⁰ [S 10

469 Gentner, Carl: Über die beiden sogenannten Diphenyldinitrosacyle. Würzburg 1910: C. J. Becker. 127 S. 8⁰   [S 10

470 Gessner, Ludwig: Stärke-Viskose und Alkalistärke-Xanthogenate. (Darmstadt 1910: H. Hohmann.) 48 S., 1 Bl. 8⁰ [H 10
[Im Ausz. in: Liebigs Annalen d. Chemie. Bd 382, 1911.]

471 Grafe, Ernst: Zur Darstellung von Methenylamidinen mittels des o-Ameisensäureäthylesters. Dresden 1910: Güntzsche Stiftung. 41 S. 8⁰ [Dr 10

472 Grohmann, Oskar: Über die Oxydation von 3- und 7-Methylharnsäure bei Gegenwart von Ammoniak. Hannover 1911: Vereinsbuchdr. 39 S. 8⁰. [H 10
[Im Ausz. in: Liebigs Annalen d. Chemie. Bd 382, 1911.]

473 Heinle, Eugen: Über Nitro- und Aminophenanthrene und deren Abkömmlinge. Plieningen 1910: Friedr. Find. 70 S. 8⁰ [S 10
[Im Ausz. in: Berichte d. deutschen chem. Gesellschaft. Jg. 44, 1911.]

474 Henkel, Paul: Über die Oxydation von 1,4- und 3,4-Dimethyluracil. Hannover 1910: (H. Osterwald). 26 S., 1 Bl. 8⁰ [H 10
[Im Ausz. in: Liebigs Annalen d. Chemie. Bd 378, 1910.]

475 Hoyer, Heinrich: Über Homopiperonylamin und seine Kondensationsprodukte. Hannover 1910: Vereinsbuchdr. 38 S., 1 Bl. 8⁰ [H 10

476 Klinckhard, Theodor: Über den β-Naphtaldehyd und seine Kondensation mit Pyroweinsäure. Hannover 1910: Vereinsbuchdr. 44 S., 1 Bl. 8⁰ [H 10

477 Koch, Franz: Über das Sulfanilid. Zur Kenntnis des Glycerinaldehyds. (Rostock [1910]: Carl Hinstorff.) 52 S., 2 Bl. 8⁰ [Dz 10
[Im Ausz. in: Berichte d. deutschen chem. Gesellschaft. Jg. 43, 1910.]

478 Kohn, Rudolf: Über einen Anthracenrückstand. München 1910: F. Straub. 44 S. 8⁰ [M 10

479 Krausz, Moritz: Beiträge zur fermentativen Fettspaltung. Pécs [Ungarn]: Günzberger [1910]. 50 S., 1 Bl., 1 Taf. 8⁰ [H 10

480 Kunz, Eduard: I. Untersuchungen über die Hydrolyse der Stärke durch Fluss-Säure. II. Über Pentosane u. die sog. Furfuroïde. München 1910: A. Frölich. 56 S. 8⁰ [M 10

481 Lamparter, O[skar]: Über die Einwirkung Magnesiumorganischer Verbindungen auf das p-Methoxytolylphenylketon und das p-Methoxytolylmethylketon. Esslingen 1910: F. & W. Mayer. 54 S. 8⁰ [S 10

482 Landsberger, Felix: Über Nitrocumarine und ihre Konstitutionsermittelung. Berlin 1910: (A. W. Schade). 63 S. 8⁰ [Be 10

483 Lifschütz, Alexander: Studien über die Bildung der isomeren Nitrokörper bei dem Nitrierungsprozesse der monosubstituierten Benzole. München 1910: Kastner & Callwey. 52 S., 1 Bl. 8⁰ [M 10

484 Loebel, Avram: Über die Einwirkung von Organomagnesiumverbindungen auf o-Aldehydophenoxyessigsäure und die Überführung der entstehenden Produkte in Derivate des Cumarons. Berlin 1910: (A. W. Schade). 48 S. 8⁰ [Be 10

485 Löw, Oskar: Studien über das Verhalten des 3-Nitro-p-Kresols zu Schwefelsäure nebst einem Anhange: Über das Verhalten der 3-Nitro-p-Oxybenzoesäure zu Schwefelsäure. Borna-Leipzig 1910: Noske. 46 S. 8⁰ [M 10
[Im Ausz. in: Berichte d. deutschen chem. Gesellschaft. Jg. 42 u. 43, 1909 u. 1910.]

486 Luftschitz, Heinrich: Synthesen und Umwandlungsprodukte in der Gruppe des Phenylmethylpyrazolons. München 1910: J. Fuller. 2 Bl., 28 S., 1 Taf. 8⁰ [M 10

487 May, Richard: Beziehungen des Kamphens zur Apokamphersäure. Ein
     Beitrag zur Erklärung der Umwandlung des Kamphens in Kampher.
     1. Übergang des Kamphens in die Karboxylapokamphersäure über die
     Zwischenstufen: Kamphenilnitrit, Tricyklenkarbonsäure, γ-Bromapo-
     kamphankarbonsäure, Oxyapokamphankarbonsäure und Ketopinsäure.
     2. Überführung der Apokamphersäure in a-Oxyapokamphersäure, Apo-
     kamphansäure und Isodehydapokamphersäure. Berlin 1910: (Rosenthal).
     80 S. 8°   [A 10
[Ersch. auch als: Schriften d. Verbandes Deutscher Diplom-Ingenieure. 3.]
488 Mertelsmann, Martin: Über die Sulfonierung des Benzols. Hannover
     1910: Wilh. Riemschneider. 30 S., 1 Bl. 8°   [H 10
[Im Ausz. in: Liebigs Annalen d. Chemie. Bd 378, 1910.]
489 Meyer, Emil: Beiträge zur Auxochromtheorie. Stuttgart 1910: Rich. Enzig.
     87 S., 1 Bl. 8°   [S 10
490 Nagelschmidt, Ernst: Zur Kenntnis der substituierten Isophtalsäuren.
     (Rostock) 1910: (Carl Hinstorff). 62 S., 1 Bl. 8°   [Dz 10
[Im Ausz. in: Berichte d. deutschen chem. Gesellschaft. Jg. 43, 1910.]
491 Okada, Harukichi: Studien über den Samen von »Euphorbia elastica«.
     Braunschweig 1910: Appelhans. 2 Bl., 70 S. 8°   [Brn 10
492 Pannwitz, Paul: Beiträge zur Chemie des Triphenylcarbinols. Stuttgart
     1910: (Vereinsbuchdr.). 76 S. 8°   [S 10
493 Redlich, Béla: Beiträge zur Kenntnis von para-Aethyltoluol. München
     1911: E. Janich. 36 S. 8°   [M 10
494 Reinert, Eugen: Über das 1-Metyl-3-cyclohexanon und Derivate desselben.
     Calw 1910: A. Oelschläger. VIII, 72 S., 1 Bl. 8°   [S 10
495 Reinsberg, Willy: Über die Phenylhydrazone der Glucose. Hannover
     1910: Vereinsbuchdr. 34.S., 1 Bl. 8°   [H 10
496 Runne, Ernst: Kohlenstoff-Stickstoff-Bindung in Aminoketonen und Amino-
     alkoholen. Hildesheim 1910: Aug. Lax. 63 S. 8°   [Brn 10
[Im Ausz. in: Archiv d. Pharmazie. Bd 249, 1911.]
497 Runne, Hermann: Beiträge zur Erforschung der Angosturaalkaloide.
     Berlin 1911: Denter & Nicolas. 37 S., 1 Bl. 8°   [Brn 10
[Ersch. auch in: Archiv d. Pharmazie. Bd 249, 1911.]
[Im Ausz. in: Apotheker-Zeitung. Jg. 25, 1910.]
498 Ružička, Leopold: Über Phenylmethylketen. Karlsruhe 1911: Braun.
     1 Bl., 91 S. 8°   [K 10
[Im Ausz. in: Liebigs Annalen d. Chemie. Bd 380, 1911.]
499 Schairer, Otto: Über die Gewinnung von 2-Oxy-morpholchinon ⟨2, 3,
     4-Trioxy-phenanthrenchinon⟩ aus 4-Nitro-phenanthrenchinon. Plieningen
     1910: Friedr. Find. 63 S. 8°   [S 10
500 Schellbach, Johannes: Über die Festigkeit der Kohlenstoff-Stickstoff-
     bindung in quartären Ammoniumverbindungen mit der Gruppierung
     C:C.C.N. Würzburg 1910: C. J. Becker. 61 S. 8°   [Brn 10
[Im Ausz. in: Archiv d. Pharmazie. Bd 249, 1911.]
501 Schliemann, Wilhelm: Über die Cellobiose und die Acetolyse der Cellu-
     lose. Hannover 1910: H. Osterwald. 62 S. 8°   [H 10
[Im Ausz. in: Liebigs Annalen d. Chemie. Bd 378, 1910.]
502 Schreckenbach, Rudolf: Beiträge zur Kenntnis der Reaktionsfähigkeit
     von in β-Stellung nicht substituierter Indolen. Weida i. Th. 1910: Thomas
     & Hubert. 66 S., 1 Bl. 8°   [Dr 10

503 Speithel, Robert: Über die Vorgänge der Autoxydation bei Aldehyden. Würzburg 1911: C. J. Becker. 107 S. 8⁰ [K 10

504 Spoun, Otto: Über die Gewinnung von Phenanthrenchinon- und Phenanthrenabkömmlingen aus 2-Nitrophenanthrenchinon. Tübingen 1910: H. Laupp jr. 52 S. 8⁰ [S 10

505 Stockfisch, Karl: Einwirkung von Alkylmagnesiumhaloiden auf Anhydroecgonin- und d-ψ-Ecgoninester. Berlin 1910: (Buntrock). 36 S., 1 Bl. 8⁰ [Be 10

506 Struve, Karl: Über die Oxydation des Methyluracils. Hannover 1910: Vereinsbuchdr. 30 S., 1 Bl. 8⁰ [H 10
[Im Ausz. in: Liebigs Annalen d. Chemie. Bd 378, 1910.]

507 Székely, Alexander: Untersuchung der rohen Mesitylensulfosäure und Auffindung des Isopropylbenzols im Steinkohlenteer. Zürich 1910: J. F. Kobold-Lüdi. 47 S. 8⁰ [M 10
[Im Ausz. in: Berichte d. deutschen chem. Gesellschaft. Jg. 43, 1910.]

508 Vetter, Heinrich: Beiträge zur Kenntnis der Chinhydrone und Phenochinone. München 1910: J. Fuller. 2 Bl., 58 S. 8⁰ [M 10

509 Vetter, Hermann: Über Schwefelfarbstoffe aus 1.2.4-Dinitrophenol. Calw 1910: A. Oelschläger. 1 Bl., 70 S., 2 Bl. 8⁰ [Dr 10

510 Voigt, Wilhelm: Die Einwirkung von unterbromigsaurem Natron auf organische stickstoffhaltige Verbindungen. Leipzig 1911: Teubner. 50 S. 8⁰ [Dr 10

511 Weissel, Leopoldo: Die Auxochrom-Gesetze bei Derivaten der Terephtalsäure. Stuttgart 1910: Rich. Enzig. 69 S., 1 Bl. 8⁰ [S 10

512 Winckler, Curt Oscar: Über die Einwirkung der salpetrigen Säure auf einige primäre aliphatische Amine. München 1911: J. Fuller. 3 Bl., 69 S. 8⁰ [M 10

513 Zablinsky, Karl: Beiträge zur Kenntnis des Metanikotins. Berlin 1910: (A. W. Schade). 33 S. 8⁰ [Be 10

c) Analytische Chemie.

514 Reitinger, Josef: Analytische Untersuchungen über die natürlichen Phosphate der Ceriterden und Yttererden sowie über Zirkon- und Titanmineralien. München 1902: Max Volk. 60 S. 8⁰ [M 02

515 Leher, Ernst: Über die quantitative Bestimmung des Arsens und Antimons als Schwefel-Verbindungen. Augsburg 1904: Ph. J. Pfeiffer. 1 Bl., 98 S. 8⁰ [M 04

516 Hermann, Ludwig: Über die Trennung der Ytter- und Erbinerden. Memmingen 1906: Th. Otto. 71 S. 8⁰ [M 05

517 Kaiser, Fritz: Kritische Experimentaluntersuchung über die verschiedenen Aufschlussmethoden der Silikate. Untersuchungen über die Möglichkeit der Trennung der Magnesia von Kalium, gegründet auf die verschiedene Löslichkeit der Sulfate in Methylalkohol und Klarlegung der hierbei auftretenden mannigfach verschiedenen Krystalle. München 1905: C. Wolf. 57 S. 8⁰ [Dr 05

518 Müller, Bernhard: Untersuchungen über die quantitative Bestimmung einiger seltener Erden. München 1905: J. Fuller. 1 Bl., 40 S. 8⁰ [M 05

519 Schäfer, Ernst: Vergleichende Untersuchung über die Aufschliessung von arsen-, antimon- und schwefelhaltigen Erzen im Chlor- und Brom-(Kohlensäure-)Strome zum Zwecke der quantitativen Analyse. Wiesbaden: Kreidel 1906. 34 S. 8⁰ [M 05
[Ersch. auch in: Zeitschrift f. analyt. Chemie. Jg. 45, 1906.]

520 Saring, Georg: Versuche über den Aufschluss von Phosphaten durch Kieselsäure bei hohen Temperaturen. Dresden [1906]: Otto Cäsar. 1 Bl., 42 S. 8° [Dr 06

521 Weiss, Georg: Über die quantitative Bestimmung und Trennung von Zink und Nickel. München 1906: Max Volk. 64 S. 8° [M 06

522 Baumann, Fritz: Die quantitative Bestimmung des Arsens als Arsentrisulfid. München 1907: J. Fuller. 3 Bl., 68 S. 8° [M 07

523 Übelhör, Fritz: Vergleichende Untersuchungen über die gewichtsanalytische Bestimmung des Kobalts. München 1908: L. Mössl. 23 S. 8° [M 07

524 Gennerich, Georg: Über die Löslichkeit von Oxalaten in Wasser und Salzsäure. Hannover [1908]: Edler & Krische. 46 S., 1 Taf. 8° [H 08

525 Richter, Erich: Studien über die Bestimmung von Äthan neben Methan und Wasserstoff. Weida i. Th. 1909: Thomas & Hubert. 56 S. 8° [Dr 08

526 Schieder, Heinrich: Die quantitative Bestimmung des Antimons als Antimontrisulfid. Weissenburg i. B. 1908: C. Fr. Meyer. 45 S., 1 Bl. 8° [M 08

527 Strell, Martin: Über die Fällungsbedingungen für Kupfer und Blei durch Schwefelwasserstoff aus neutralen und salzsauren Lösungen und die Anwendung der gewonnenen Ergebnisse zu einer quantitativen Trennung der beiden Metalle. München 1908: J. Fuller. 2 Bl., 50 S. 8° [M 08

528 Vestner, Hans: Über die quantitative Trennung des Zinks von Mangan, Eisen, Nickel und Kobalt durch Schwefelwasserstoff in schwach mineralsaurer Lösung. München 1909: L. Mössl. 84 S. 8° [M 08

529 Wolf, Johannes: Beiträge zur quantitativen Bestimmung und Trennung von Antimon und Zinn durch Elektrolyse aus den Lösungen ihrer Sulfosalze in Schwefelalkalilösungen. Borna-Leipzig 1908: Noske. 142 S., 1 Bl. 8° [Dr 08

530 Harster, Richard: Vergleichende Untersuchungen über die Ermittelung des Wirkungswertes einer salzsauren Zinnchlorürlösung unter Anwendung verschiedener Urprüfungssubstanzen. München 1909: J. Fuller. 1 Bl., 75 S., 1 Bl. 8° [M 09

531 Hensen, Caspar: Kritische Untersuchung der Vanadin-Bestimmungsmethoden. Aachen 1909: La Ruelle. 60 S. 4° [A 09

532 Landecker, Max: Untersuchungen über die quantitative Bestimmung der Erdsäuren. München 1909: J. Fuller. 2 Bl., 50 S. 8° [M 09
[Ersch. auch in: Zeitschrift f. anorgan. Chemie. Bd 64, 1909.]

533 Pabstmann, Georg: Über die quantitative Bestimmung der Phosphorsäure als Magnesiumpyrophosphat. Bamberg 1909: W. Gärtner. 74 S. 8° [M 09

534 Reidenbach, Rudolf: Über die quantitative Bestimmung des Magnesiums als Magnesiumpyrophosphat nebst einem Anhang: Über die Bestimmung des Magnesiums als Magnesiumsulfat. Kusel ⟨Pfalz⟩ 1910: Karl Müller. 109 S. 8° [M 09

535 Renker, Max: Über Bestimmungsmethoden der Cellulose. Berlin 1909: (A. W. Schade). 106 S. 8° [Be 09
[Ersch. auch in: Zeitschrift f. angewandte Chemie. Jg. 23, 1910.]
[Ersch. in 2. verb. Aufl. als: Schriften d. Vereins d. Zellstoff- u. Papier-Chemiker. H. 1, 1910.]

536 Vervuert, Gottfried: Die quantitative Bestimmung des Zinns als Zinndioxyd. Kaiserslautern 1909: Thieme. 3 Bl., 45 S. 8° [M '09

537 Bornemann, Ferdinand: Über das Osmium. Analytische Bestimmung. Chloride und Oxyde. München 1910: Kastner & Callwey. 63 S. 8° [Dz 10
(Im Ausz. in: Zeitschrift f. anorgan. Chemie. Bd 65, 1910.)

538 Dickert, Eugen: Untersuchungen über die quantitative Bestimmung des Antimons als Trisulfid und als Tetroxyd. Würzburg 1910: J. Meixner. 76 S. 8° [M 10

539 Freitag, Max: Über die quantitative Bestimmung des Arsens als Trisulfid und Pentasulfid. München 1910: Kastner & Callwey. 3 Bl., 124 S. 8° [M 10

540 Reindel, Robert: Über die quantitative Bestimmung des Wismuts. Mit einem Anhang: Über die Umwandlung des Bleichlorids in das Sulfat. München 1911: J. Fuller. 2 Bl., 60 S. 8° [M 10

541 Scheidhauf, Alois: Untersuchungen über Natriumamid nebst einem Anhang über quantitative Bestimmung der Salpetersäure. München [1911]: J. B. Grassl. 1 Bl., 68 S. 8° [M 10

Vgl. auch: 572.

d) Elektrochemie.

542 Bloch, Ignaz: Elektrolyse von Estersalzen ungesättigter und hydroxylierter Dicarbonsäuren mit Kaliumacetat. München 1902: F. Straub. 55 S. 8° [M 01

543 Hauser, Gottfried: Über die Elektrolyse des Estersalzes der Monobenzylmalonsäure sowie des Dibenzylessigsauren Kaliums mit fettsauren Salzen. Bonn 1901: Carl Georgi. 51 S. 8° [M 01

544 Klapproth, W[ilhelm]: Die Fällung des Zinns aus seinen Sulfosalzen und seine Trennung vom Antimon durch Elektrolyse. (Hannover 1901: Vereinsbuchdr.) 42 S., 1 Bl. 8° [H 01
[Im Ausz. in: Zeitschrift f. angewandte Chemie. Jg. 14, 1901.]

545 Sproesser, Ludwig: Über Alkalichlorid-Elektrolyse an Kohlenanoden. Halle a. S. 1901: Wilh. Knapp. 1 Bl., 101 S. 8° [Dr 01
[Ersch. auch in: Zeitschrift f. Elektrochemie. Bd 7, 1901.]

546 Klein, Sigmund: Über die elektrolytische Oxydation von Anilin und einigen aromatischen Diaminen in alkalischer Lösung. München 1902: F. Straub. 51 S. 8° [M 02

547 Sack, Michael: Über die Entstehung und Bedeutung von Natriumlegierungen bei der kathodischen Polarisation. Leipzig 1903: Metzger & Wittig. 70 S. 8° [K 02
[Ersch. auch in: Zeitschrift f. anorgan. Chemie. 1903.]

548 Schlötter, Max: Über die elektrolytische Oxydation von Alkoholen der Fettreihe. Nürnberg 1902: Felix Reusche. 40 S. 8° [M 02

549 Weiss, Ludwig: Über die Darstellung der Metalle der Cergruppe durch Schmelzelektrolyse. Mit 4 Taf. Leipzig 1902: (Leipz. Tagebl.). 47 S., 4 Taf. 8° [M 02
[Ersch. auch in: Liebigs Annalen d. Chemie. Bd 331, 1904.]

550 Ecker, Karl: Über die Elektrolyse organischer Salze. München 1903: Paul Müller. 68 S., 1 Taf. 8° [M 03

551 Mayr, Christian: Über die Elektrosynthese aliphatischer und aromatischer Ketoverbindungen. Fürth 1904: Albr. Schröder. 51 S. 8° [M 03

552 Russ, Rudolf: Über Reaktions-Beschleunigungen und -Hemmungen bei elektrischen Reduktionen und Oxydationen. Mit 11 Fig. im Text. Leipzig: Wilh. Engelmann 1903. [K 03
(Aus: Zeitschrift f. physikal. Chemie. Bd 44 [1903].)

553 Schick, Karl: Elektrolyse mit Wechselstrom. Karlsruhe 1904: Ernst
     Stiess. 67 S. 8⁰   [K 03
     [Im Ausz. in: Zeitschrift f. physikal. Chemie. Bd 46, 1903.]

554 Stockem, Lorenz: Studien über die Abscheidung der wichtigeren Alkali-
     und Erdalkalimetalle aus ihren geschmolzenen Haloidsalzen. Halle a. S.
     1903: Waisenhaus. 16 S. 4⁰   [A 03

555 Zorn, Hans: Über Alkoholbildung bei der Elektrolyse fettsaurer Salze.
     München 1904 : Buchdr. d. »Allgemeinen Zeitung«. 51 S. 8⁰   [M 03

556 Boericke, Felix: Über das elektromotorische Verhalten des Broms und
     das Anodenpotential bei der Elektrolyse neutraler Bromkaliumlösungen.
     Halle a. S. 1904: Knapp. 1 Bl., 38 S. 4⁰   [Dr 05
     [Ersch. auch in: Zeitschrift f. Elektrochemie. Bd 11, 1905.]

557 Bültemann, August: Über den Einfluss des Anodenmaterials auf Anoden-
     vorgänge. Dresden 1905: Adolph. 98 S., 1 Bl. 8⁰   [Dr 04

558 Fischer, Arthur: Über die elektrolytische Bestimmung und Trennung
     von Antimon und Zinn aus ihren Sulfosalzlösungen nebst einem An-
     hange über die Trisulfidmethode des Antimons. Leipzig 1904: Metzger
     & Wittig. 59 S. 8⁰   [A 04
     [Ersch. auch in: Zeitschr. f. anorgan. Chemie. Bd 42, 1904.]

559 Friessner, Alfred: Über die elektrolytische Oxydation der schwefligsauren
     Salze und über die elektrochemische Bildung von Dithionat. Halle a. S.
     1904: Knapp. 1 Bl, 26 S. 4⁰   [Dr 04
     [Ersch. auch in: Zeitschrift f. Elektrochemie. Bd 10, 1904.]

560 Idaszewski, Kasimir S.: Versuche über das elektrolytische Verhalten von
     Schwefelkupfer. Halle a. S. 1905: Knapp. 1 Bl., 72 S. 8⁰   [Brn 04
     [Im Ausz. in: Zeitschrift f. Elektrochemie. Bd 11, 1905.]

561 Kretzschmar, Horst: Über die Einwirkung von Brom auf Alkali und über
     die Elektrolyse der Bromalkalien. Halle a. S. 1904: Knapp. 32 S. 4⁰ [Dr 04
     [Ersch auch in: Zeitschrift f. Elektrochemie. Bd 10, 1904.]

562 Mathes, Rudolf: Über die elektrolytische Reduktion von Halogensub-
     stitutionsprodukten der Benzolreihe. München 1904: Buchdr. d. »All-
     gemeinen Zeitung«. 55 S. 8⁰   [M 04

563 Mühlbach, Ernst: Über die Elektrolyse von Cerosalzen. München 1903:
     Carl Aug. Seyfried. 71 S. 8⁰   [M 04

564 Mühlhofer, Hans: Über die Einwirkung elektrolytisch erzeugter Halo-
     gene auf organische Verbindungen. München 1905: Buchdr. d. »All-
     gemeinen Zeitung«. 36 S. 8⁰   [M 04

565 Steiner, Otto: Studien über das sogenannte »Glocken-Verfahren« zur
     Elektrolyse wässeriger Lösungen der Alkalichloride. Halle a. S. 1904:
     Knapp. 40 S. 8⁰   [Dst 04
     [Im Ausz. in: Zeitschrift f. Elektrochemie. Bd 10, 1904.]

566 Bub, Karl: Über die elektrolytische Oxydation von Leukobasen. Erlangen
     1905: E. Th. Jacob. 59 S. 8⁰   [M 05

567 Fraunberger, Fritz: Ueber das elektromotorische Verhalten von Metallen.
     [München 1905:] J. Fuller. 1 Bl., IV, 40 S. 8⁰   [M 05
     [Ersch. auch in: Sitzungsberichte d. k. bayr. Akad. d. Wissenschaften in
     München. Math.-physikal. Klasse. Bd 34, 1904.]

568 Löb, Albert: Elektrolytische Untersuchungen mit symmetrischem und un-
     symmetrischem Wechselstrom. Halle a. S. 1905: Knapp. 2 Bl., 69 S. 8⁰ [K 05
     [Ersch. auch in: Zeitschrift f. Elektrochemie. Bd 12, 1906.]

569　Moldenhauer, Wilhelm: Über Beziehungen zwischen elektrolytischen Vorgängen und der Elektrodentemperatur. Halle a. S. 1905: Knapp. 1 Bl., 56 S. 8⁰　　　　　[Dst 05
[Im Ausz. in: Zeitschrift f. Elektrochemie. Bd 11, 1905.]

570　Scheidemandel, Julius: Über die Gewinnung der seltenen Erdmetalle durch Schmelzelektrolyse. München 1905: J. Fuller. 3 Bl., 52 S., 2 Taf.ʾ 8⁰　[M 05

571　Beck, Jakob: Versuche über elektrolytische Oxydation u. Reduktion. Antwerpen 1906: Laporte & Dosse. 71 S. 8⁰　　　　　[M 06

572　Beyer, Arthur: Über die elektroanalytische Trennung von Cadmium und Zink. Borna-Leipzig 1906: Noske. 1 Bl., 86 S., 1 Bl. 8⁰　[Dr 06

573　Burger, Paul: Versuche über die Elektrolyse mit Wechselströmen und ihre Anwendung zur Herstellung chemischer. Produkte. Saarbrücken 1906: Hofer. 44 S. 8⁰　　　　　[Dst 06

574　Fleischmann, Fritz: Untersuchungen über die Knallgaskette bei höherer Temperatur unter Benützung von Glas u. Porzellan als Elektrolyt. Leipzig 1907: Metzger & Wittig. 52 S. 8⁰　　　　　[K 06
[Im Ausz. in: Zeitschrift f. Elektrochemie. Bd 12, 1906.]

575　Lee, Harry: Über den Wasserstoffgehalt des Elektrolyteisens. Borna-Leipzig 1906: Noske. 1 Bl., 72 S., 1 Bl. 8⁰　　　　　[Dr 06

576　Scheller, Alfred: Über die anormale anodische Polarisation durch Halogene. Dresden (1906): Steinkopf & Springer. 1 Bl., 74 S., 1 Bl., 1 Taf. 8⁰　[Brn 06
[Im Ausz. in: Zeitschrift f. anorgan. Chemie. Bd 48, 1906.]

577　Schellhaass, H. W. Hugo: Die Rolle der Caro'schen Säure bei der elektrolytischen Bildung der Überschwefelsäure und ihrer Salze. München [1906]: L. Mössl. 2 Bl., 92 S. 8⁰　　　　　[Brn 06
[Ersch. auch in: Zeitschrift f. Elektrochemie. Bd 13, 1907.]

578　Blankenberg, Ferdinand: Über die elektrolytische Abscheidung von Zink, Nickel und Kupfer aus ammoniakalischer Lösung. Budapest: L. & F. Weiss [1907]. 95 S., 1 Taf. 8⁰　　　　　[Dr 07

579　Mitscherlich, Harbord: Über die Darstellung flüssiger und fester Chloride in der Wechselstrom-Hochspannungsflamme. München 1908: J. Fuller. 1 Bl., 46 S., 3 Taf. 8⁰　　　　　[M 07

580　Römmler, Willy: Über den Wasserstoffgehalt des Elektrolytnickels. Dresden 1908: Güntzsche Stiftung. 51 S. 8⁰　　　　　[Dr 07

581　Weber, Karl: Versuche zur elektrolytischen Darstellung von Magnesium. Darmstadt 1907: H. Uhde. 2 Bl., 24 S., 1 Bl. 8⁰　　　　　[Dst 07

582　Beutner, Reinhard: Neue galvanische Elemente. Berlin 1908: Wilh. Pilz. 54 S., 1 Bl. 8⁰　　　　　[K 08
[Im Ausz. in: Zeitschrift f. Elektrochemie. Bd 15, 1909.]

583　Birstein, Gustav: Beitrag zur Elektrolyse der Alkalisalze im festen Zustande. München 1909: Bickels Söhne. 86 S., 5 Bl. 8⁰　　　　　[K 08

584　Herrle, Hanns: Über Elektrolysen mit Wechselstrom. München 1909: J. Fuller. 2 Bl., 71 S. 8⁰　　　　　[M 08

585　Herrmann, Georg: Über die elektrolytische Darstellung von Chromosalzen. München 1909: J. Fuller. 2 Bl., 83 S. 8⁰　　　　　[M 08

586　Jakob, Fritz: Über die partielle elektrolytische Reduktion aromatischer Polynitrokörper bei Gegenwart von Vanadinsalzen. Erlangen 1908: E. Th. Jacob. 85 S., 1 Taf. 8⁰　　　　　[M 08
[Im Ausz. in: Berichte d. deutschen chem. Gesellschaft. Jg. 41, 1908.]

587　Mardus, Georg: Elektrolytische Raffination von Blei aus borfluorwasserstoffsaurer Lösung. Berlin 1908: (E. Ebering). 56 S. 8⁰　　　[Be 08

588 Michel, Alfred: Versuche über Darstellung von Magnesium-Baryum-Legierungen durch Schmelzelektrolyse. München 1908: J. Fuller. 2 Bl., 35 S. 8⁰ [M 08

589 Morden, G[ilbert] W.: Die Stickoxydbildung aus Luft mit Hilfe einer Gleichstromentladung niedriger Spannung unter vermindertem Drucke. Karlsruhe 1909: Braun. 52 S., 2 Bl. 8⁰ [K 08

590 Oettel, Alfred: Über die elektrolytische Abscheidung des Magnesiums. Weida i. Th. 1908: Thomas & Hubert. 71 S. 8⁰ [Dr 08

591 Schulte, Wilhelm: Über die Abscheidung des Antimons aus seiner Sulfantimoniatlösung. Berlin 1908: (G. Schade). 76 S. 8⁰ [Be 08
[Im Ausz. in: Metallurgie. Jg. 6, 1909.]

592 Weger, Kurt: Über die elektrolytische Reduktion von Chloraten an Eisenkathoden. Weida i. Th. 1908: Thomas & Hubert. 89 S. 8⁰ [Dr 08

593 Kohl, Julius Philipp: Über die elektrolytische Reduktion von Titansalzen. Deren Anwendung als Überträger bei der elektrolytischen Reduktion organischer Körper. Plieningen 1910: Friedr. Find. 81 S. 8⁰ [M 09

594 Lambris, Gustav: Studie über die Kohlenstoffaufnahme durch Metalle bei der Elektrolyse aus wässeriger Lösung, mit besonderer Berücksichtigung des Nickels. Aachen 1909: La Ruelle. 55 S. 8⁰ [A 09
[Im Ausz. in: Zeitschrift f. Elektrochemie. Bd 15, 1909.]

595 Mitrofanoff, Benjamin: Über die Schnellformation von positiven Bleiakkumulatorenplatten. Karlsruhe 1909: Braun. 70 S., 1 Bl. 8⁰ [K 09
[Im Ausz. in: Zeitschrift f. Elektrochemie. Bd 15, 1909.]

596 Schmiedt, Friedrich: Beiträge zur elektrolytischen Oxydation des Chroms. Berlin 1909: Herm. Blanke. 56 S. 8⁰ [Be 09

597 Schweitzer, Alexander: Beiträge zur Kenntnis des elektrochemischen Verhaltens des Nickels. Stuttgart 1909: Chr. Scheufele. 60 S. 8⁰ [Dr 09
[Im Ausz. in: Zeitschrift f. Elektrochemie. Bd 15, 1909.]

598 Uhlig, Otto: Versuche zur Darstellung aromatischer Nitrosoverbindungen durch elektrolytische Reduktion mit Wechselstrom. Frankfurt a. M. 1909: Knauer, 44 S. 8⁰ [Dst 09

599 Dolch, Moritz: Das Verhalten von Zinnanoden in Natronlauge. Borna-Leipzig 1911: Noske. VI, 109 S., 1 Bl. 8⁰ [Dr 10
[Im Ausz. in: Zeitschrift f. Elektrochemie. Bd 16, 1910.]

600 Früh, Jean: Über die Abscheidung von Eisen und Nickel aus komplexen Oxalat- bezw. Laktatlösungen. Weida i. Th. 1911: Thomas & Hubert. 82 S., 1 Bl. 8⁰ [Dr 10

601 Joost, Kurt: Beiträge zur Kenntnis der elektrolytischen Sauerstoffentwickelung an Kohleanoden. Borna-Leipzig 1910: Noske. 1 Bl., 73 S., 1 Bl. 8⁰ [Dr 10

602 Klonowski, Sigismund: Über die Manganatschmelze und die Überführung von Kaliummanganat in Kaliumpermanganat auf elektrolytischem Wege. Karlsruhe 1910: Braun. 128 S., 1 Bl. 8⁰ [K 10

603 Koppe, Paul: Über die elektrolytische Reduktion von Acetophenon und Benzophenon. ⟨Beitrag zur Theorie der Überspannungswirkung.⟩ Borna-Leipzig 1911: Noske. 2 Bl., 70 S., 2 Bl. 8⁰ [S 10
[Im Ausz. in: Zeitschrift f. Elektrochemie. Bd 16, 1910.]

604 Lampe, Erich Hermann: Beiträge zur Alkalichlorid-Elektrolyse. — Über den Einfluss der Salze des Urans, des Wolframs, des Molybdäns, des Vanadins und der Phosphorsäure. Berlin 1910: W. Röwer. 65 S. 8⁰ [Be 10

605 Loewenstein, Ernst: Über die elektrolytische Reduktion aromatischer Mononitrokörper bei Gegenwart von Vanadinsalzen. München 1910: Leopold-Buchdr. 84 S. 8⁰   [M 10

606 Näf, Ernst: Versuche zur Theorie der elektrolytischen Weißblechentzinnung. Weida i. Th. 1911: Thomas & Hubert. 101 S. 8⁰   [Dr 10

607 Nowak, Alfred: Über die chemische Wirkung dunkler elektrischer Entladungen auf Kohlenoxyd und kohlenoxydhaltige Gasgemenge. München 1910: Franz X. Seitz. 68 S., 1 Bl. 8⁰   [M 10

608 Reich, Jakob: Elektrolytische Reduktion von Nitrokörpern mit Molybdän als Wasserstoffüberträger. München 1910: Leopold-Buchdr. 74 S., 1 Taf. 8⁰   [M 10

609 Schildbach, Richard: Über das elektrochemische Verhalten des Kobalts. Borna-Leipzig 1910: Noske. 2 Bl., 62 S., 1 Bl. 8⁰   ]Dr 10
     [Im Ausz. in: Zeitschrift f. Elektrochemie. Bd 16, 1910.]

610 Stumpf, Carl: Über die Elektrolyse der Estersalze der $\Delta_{2,6}$ Dihydro- sowie der Δ_2 Tetrahydro-Phtalsäure mit fettsauren Salzen. München 1910: F. Straub. 62 S. 8⁰   [M 10

611 Waldmann, Anton: Elektrolytische Reduktionsversuche von Kaliumferricyanid mittelst Wechselstrom. München 1910: Leopold-Buchdr. 72 S. 8⁰   [M 10

612 Weckbach, Franz: Über die elektrolytische Oxydation von Manganosalzen in stark saurer Lösung. Darmstadt 1910: Heinr. Menzlaw. 89 S., 1 Bl. 8⁰   [M 10

613 Wetsch, Karl: Über galvanostegische Schwarzbadniederschläge und das kathodische Verhalten von Rhodansalzen. Würzburg 1910: H. Stürtz. 3 Bl., 81 S. 8⁰   [M 10

Vgl. auch: 634, 641.

e) Physikalische Chemie.

614 Böttcher, H[ans]: Über die Dissociationstemperaturen der Kohlensäure und des Schwefelsäureanhydrites. Dresden 1900: Teubner [Leipzig]. 65 S., 4 Taf. im Text. 8⁰   [Dr 00

615 Köppen, Karl von: Bildungsgeschwindigkeit und Dissociation von Schwefelsäureanhydrid bei Anwesenheit von Platin. Halle a. S. 1903: Knapp. 61 S. 8⁰   [Brn 03
     [Im Ausz. in: Zeitschrift f. Elektrochemie. Bd 9, 1903.]

616 Richardt, Franz: Über Verbrennungserscheinungen bei Gasen. Leipzig 1904: Metzger & Wittig. 83 S. 8⁰   [K 03
     [Im Ausz. in: Schillings Journal f. Gasbeleuchtung. Jg. 46, 1903.]

617 Roth, Paul: Über die Birotation der Glukose. (Hannover [1904]: Vereinsbuchdr.) 30 S., 1 Bl. 8⁰   [H 03
     [Im Ausz. in: Liebigs Annalen d. Chemie. Bd 331, 1904.]

618 Günther, Ludwig: Über das farbenempfindliche Chlorsilber und Bromsilber. Nürnberg 1904: U. E. Sebald. 71 S. 8⁰   [M 04
     Aus: Abhandlungen d. Naturhistor. Gesellsch. Nürnberg. Bd 15 [1905].

619 Heikel, Gunnar: Über die Birotation der Galactose. (Leipzig 1904: Leipz. Tagebl.) 38 S., 1 Bl. 8⁰   [H 04
     [Ersch. auch in: Liebigs Annalen d. Chemie. Bd 338, 1905.]

620 Geitz, August: Pyrogene Reaktionen in der Hochspannungsflamme. München 1905: J. Fuller. 3 Bl., 63 S., 2 Taf. 8⁰ [M 05

621 Gottlob, Harry: Beitrag zur Kenntnis der Reaktionsenergie bei der Vereinigung von Jod und Wasserstoff. Karlsruhe 1906: Friedr. Gutsch. 51 S., 3 Taf. 8⁰ [K 05

622 Weyl, August: Messung von Diffusions-Potentialen konzentrierter Chloridlösungen. Leipzig 1905: Metzger & Wittig. 33 S. 8⁰ [K 05

623 Niiranen, Weikko: Über die analytische Bestimmung von Stickstoffoxyden und die Gültigkeit des Massenwirkungsgesetzes bei der Stickstoffverbrennung in der Hochspannungsflamme. Leipzig [1906]: Osk. Leiner. 38 S. 8⁰ [K 06

624 Salm, Eduard: Studie über Indikatoren. Mit 5 Fig. im Text u. 2 Tab. Leipzig: Wilh. Engelmann 1906. 37 S., 1 Taf. 8⁰ [A 06
(Aus: Zeitschrift f. physikal. Chemie. Bd 57 [1907].)

625 Wagner, Ludwig: Kristallographisch-chemische Untersuchung der Halogenide aliphatischer Ammoniumbasen. Leipzig: Wilh. Engelmann 1907. 56 S. 8⁰ [M 06
[Ersch. auch in: Zeitschrift f. Krystallographie. Bd 43, 1907.]

626 Auerbach, Herbert: Spektroskopische Untersuchungen über das Verhalten der Metallsalze in Flammen von verschiedener Temperatur. Berlin 1907: (Max Lichtwitz). 47 S. 8⁰ [Be 07
[Im Ausz. in: Zeitschrift f. wissenschaftl. Photographie, Photophysik u. Photochemie. Bd. 7, 1909.]

627 Koenig, Adolf: Über die Oxydation des Stickstoffes in gekühlten Hochspannungsbögen bei Minderdruck. Halle a. S. 1907: Knapp. 1 Bl., 76 S. 8⁰ [K 07
[Im Buchh. ebd.]
[Im Ausz. in: Zeitschrift f. Elektrochemie. Bd 14, 1908.]

628 Rothe, Alfred: Über die Adsorption von Silbernitrat und Jodkalium durch Jodsilber. Borna-Leipzig 1908: Noske. 1 Bl., 43 S., 1 Bl. 8⁰ [Dr 07
[Im Ausz. in: Zeitschrift f. Chemie u. Industrie d. Kolloide. Bd 3, 1908.]

629 Stegmüller, Philipp: Beitrag zur Kenntnis der Bildungswärme von Jodwasserstoff aus den Elementen. Berlin 1907: (A. W. Schade). 48 S. 8⁰ [K 07

630 Wöhler, Paul: Die katalytische Wirksamkeit des Chromoxyds und Kupferoxyds im Schwefelsäureprozess. Berlin 1907: (A. W. Schade). 53 S., 2 Bl. 8⁰ [K 07
[Im Ausz. in: Zeitschrift f. physikal. Chemie. Bd 62, 1908.]

631 Altmayer, Viktor: Über das Methangleichgewicht, die Beziehungen zwischen Nickel und Wasserstoff und einige Methansynthesen mit Calciumhydrür. München 1909: Oldenbourg. 64 S., 1 Bl. 8⁰ [K 08
[Im Ausz. in: Schillings Journal f. Gasbeleuchtung. Jg. 52, 1909.]

632 Faehr, Paul: Über die Reduktion der Metalloxyde der Chromgruppe mittelst Wasserstoffs in der Hochspannungsflamme. München 1908: J. Fuller. [M 08

633 Harkort, Hermann: Beitrag zum Studium des Systems Eisen-Wolfram. Halle a. S.: Knapp 1907. 66 S. 4⁰ [A 08

634 Kinsky, Josef J.: Die Elektrizitätsleitung in Metallen und Amalgamen. Temesvar [1908]: Jak. Csendes. 46 S., 1 Bl. 8⁰ [K 08

635 Kohn, Franz: Photo-Elektromotorische Untersuchungen über Mischungen von Ammonoxalat mit Mercurichlorid und Ferrichlorid. München 1908: J. Fuller. 1 Bl., 67 S. 8⁰ [M 08

636 Krassa, Paul: Das elektromotorische Verhalten des Eisens mit besonderer Berücksichtigung der alkalischen Lösungen. Karlsruhe 1909: Braun. 82 S., 1 Bl. 8⁰   [K 08
[Im Ausz. in: Zeitschrift f. Elektrochemie. Bd 15, 1909.]

637 Mustad, Ole: Abscheidungspotential des Eisens aus seinen Sulfat- und Chlorürlösungen bei verschiedenen Temperaturen. Borna-Leipzig 1908: Noske. 1 Bl., 46 S., 1 Taf., 1 Bl. 8⁰   [Dr 08

638 Warth, Carl: Kann ein Element sowohl positive wie negative Ionen bilden? Potsdam [1909]: Edm. Stein. 48 S., 2 Taf. 8⁰   [K 08

639 Wentzel, Fritz: Beiträge zur optischen Sensibilisation der Chlorsilbergelatine. Berlin 1908: (Ebering). 117 S. 8⁰   [Be 08

640 Ehlert, Hermann: Studien über Salzlösungen. Borna-Leipzig 1909: Noske. VI, 75 S., 1 Bl. 8⁰   [Dr 09

641 Holwech, Wilhelm: Über die Beziehung der Stickoxydbildung zu den elektrischen und thermischen Eigenschaften kurzer Gleichstrom-Lichtbögen mit gekühlter Anode. Halle a. S. 1910: Knapp. 22 S., 1 Bl. 4⁰ [K 09
(Ersch. auch in: Zeitschrift f. Elektrochemie. [Bd 16] 1910.)

642 Klemperer, Ralph L.: Über quantitative Spektralanalyse. Weida i. Th. 1910: Thomas & Hubert. 75 S., 1 Bl. 8⁰   [Dr 09
[Im Ausz. in: Zeitschrift f. angewandte Chemie. Jg. 23, 1910.]

643 Lambrecht, Erich: Über die jodometrische Säuremessung und ihre Anwendung zum Nachweis von Hydrolyse. Hannover 1909: Vereinsbuchdr. 55 S. 8⁰   [H 09

644 Lipski, Jakob: Über Synthese des Ammoniaks aus den Elementen. Halle a. S. 1909: Knapp. 1 Bl., 57 S. 8⁰   [Brn 09
(Aus: Zeitschrift f. Elektrochemie. Bd 15, [1909].)

645 Nobis, Alfred: Die Wasserstoff-Chlorkette. Borna-Leipzig 1909: Noske. 102 S., 1 Bl. 8⁰   [Dr 09

646 Siegler, Robert: Ternäre Systeme. ⟨Löslichkeit der Erdalkalinitrate in Aethylalkohol-Wassergemengen⟩. Darmstadt 1909: (L. Simon). 44 S., 1 Bl. 8⁰   [Dst 09

647 Stuckert, Ludwig: Über die Lichtbrechung der Gase und ihre Verwendung zu analytischen Zwecken. Halle a. S. 1910: Knapp. 46 S., 1 Bl. 4⁰ [K 09
(Ersch. auch in: Zeitschrift f. Elektrochemie. [Bd 16] 1910.)

648 Titlestad, Nicolay: Photo-Volta-Ketten mit Urano-Uranylsulfat. Leipzig: Wilh. Engelmann 1910. 55 S. 8⁰   [Brn 09
(Aus: Zeitschrift f. physikal. Chemie. Bd 72, [1910].)

649 Eisenreich, Kurt: Über die Verwendung von Silberfluoridlösungen im Silbercoulometer. Leipzig: Wilh. Engelmann 1911. 51 S. 8⁰   [Dr 10
(Aus: Zeitschrift f. physikal. Chemie. Bd 76, [1911].)

650 Hecht, (Richard) Leopold: Über die Natur des Sulfammoniums und ein Beitrag zur spektrometrischen Untersuchung eines Gemisches mehrerer lichtabsorbierender Stoffe. (Berlin) 1910: (A. W. Schade). 57 S. 8⁰ [Dz 10
[Im Ausz. in: Zeitschrift f. anorgan. Chemie. Bd 70, 1911, u. Zeitschrift f. physikal. Chemie. Bd 76, 1911.]

651 Heydenreich, Karl: Photo-elektromotorische Untersuchungen von Chlorsilber und Bromsilber. Hildesheim 1911: Aug. Lax. 108 S. 8⁰ [M 10

652 Kauko, Yrjö: Kinetische Untersuchung der Reduktion von Permanganatlösungen durch gasförmigen Wasserstoff. ⟨Autoreduktion⟩. Leipzig: Wilh. Engelmann 1911. 44 S., 1 Bl. 8⁰   [K 10
(Aus: Zeitschrift f. physikal. Chemie. Bd 76, [1911].)

653 Makowetzky, Alexander: Über die Bildung von Wasserstoffsuperoxyd, Salpetersäure und Ammoniak bei der Glimmbogenentladung unter Verwendung von Wasser als einer Elektrode. Halle a. S. 1911: Knapp. 19 S. 4°　[K 10
(Ersch. auch in: Zeitschrift f. Elektrochemie. [Bd 17] 1911.)

654 Platou, Eilif: Calorimetrische Untersuchungen über Stickoxydbildung aus Luft mittels Hochspannungswechselstromentladungen verschiedener Frequenz. Karlsruhe 1910: Braun. 72 S., 1 Bl. 8°　[K 10
(Im Ausz. in: Zeitschrift f. Elektrochemie. Bd 16, 1910.)

655 Schaper, Carl: Über das Oxydationspotential der Oxalate des Eisens und des Oxalations. Braunschweig 1910: Vieweg. 55 S. 8°　[Brn 10
[Im Ausz. in: Zeitschrift f. physikal. Chemie. Bd 72, 1910.]

656 Schliephacke: Gerhard: Über die Mutarotation der Maltose. Hannover (1910): Göhmann. 37 S., 1 Bl., 2 Taf. 8°　[H 10
[Im Ausz. in: Liebigs Annalen d. Chemie. Bd 377, 1910.]

657 Schubert, Carl: Beiträge zur Kenntnis der Dissoziation einiger Oxyde, Karbonate und Sulfide. Weida i. Th. 1910: Thomas & Hubert. 72 S., 1 Bl. 8°　[Dr 10

658 Taitelbaum, Itzek: Studien über Brennstoffketten. Halle a. S. 1910: Knapp. 1 Bl., 50 S. 8°　[Brn 10
(Aus: Zeitschrift f. Elektrochemie. Bd 16 [1910].)

659 Vater, Georg: Über die Adsorption von Gasen durch Kohle und einige andere poröse Körper. Weida i.Th. 1910: Thomas & Hubert. 68 S. 8° [Dr 10

Vgl. auch: 552.

f) Biochemie (Physiologische, Gärungs-, Nahrungsmittelchemie).

660 Schnell, Josef: Zur Kenntnis der Bitterstoffe des Hopfens. München 1904: Knorr & Hirth. 51 S. 8°　[M 03
[Im Ausz. in: Zeitschrift f. d. gesamte Brauwesen. N. F. Jg. 27, 1904.]

661 Sedlmayr, Theodor: Beiträge zur Chemie der Hefe. München 1903: Franz Humar. 38 S. 8°　[M 03
[Im Ausz. in: Zeitschrift f. d. gesamte Brauwesen. N. F. Jg. 26, 1903.]

662 Holdermann, Karl: Betrachtungen und Versuche über die Bildung der Harnsäure im tierischen Organismus. Karlsruhe 1904: Macklot. 95 S. 8° [K 04

663 Kleemann, Andreas: Untersuchungen über Malzdiastase. Merseburg 1905: Fr. Stollberg. 42 S. 8°　[M 05
[Ersch. auch in: Die landwirthschaftl. Versuchs-Stationen. Bd 63, 1905.]

664 Regensburger, Paul: Vergleichende Untersuchungen an 3 obergärigen Arten von Bierhefe. Jena: G. Fischer 1906. 60 S., 3 Taf. 8°　[M 05
[Ersch. auch in: Zentralblatt f. Bakteriologie, Parasitenkunde u. Infektionskrankheiten. Abt. 2, Bd 16, 1906.]

665 Belschner, Gustav: Bestimmung der Stärke in Cerealien durch Polarisation. München 1907: Franz Humar. 36 S. 8°　[M 06

666 Leibu, Josef: Über enzymatische Prozesse beim Weichen, Keimen und darauffolgenden Trocknen der Gerste, des Weizens und des Roggens. München 1907: Ebin & Wittmann. 62 S., 1 Bl. 8°　[M 06

667 Rheinfels, C[urt]: Das Maltodextrin γ ein Zwischenprodukt der diastatischen Stärkehydrolyse. Hannover 1906: Edler & Krische. 22 S. 8° [H 06

5

668 Weiss, Ludwig: Beiträge zur Kenntnis der in Gerste und Malz vor-
     kommenden Phosphorverbindungen. Leipzig 1907: Metzger & Wittig.
     63 S. 8⁰   [M 06

669 Weiwers, J[ohann]: Über den unvergärbaren Zucker im Wein. Luxem-
     burg 1906: M. Huss. 33 S. 4⁰   [A 06

670 Koerner, Th[eodor]: Zur Frage der Bildung von Alkohol aus cellulose-
     haltigen Stoffen. Borna-Leipzig 1907: Noske. 53 S., 1 Bl. 8⁰ [Dr 07
     [Im Ausz. in: Zeitschrift f. angewandte Chemie. Jg. 21, 1908.]

671 Hörth, Franz: Versuche zur Erkenntnis der Milchsäuregärung. Bühl
     ⟨Baden⟩ 1909: Unitas. 3 Bl., 96 S. 8⁰   [K 08
     [Im Ausz. in: Zeitschrift f. physiolog. Chemie. Bd 60, 1909.]

672 Wirth, Christian: Untersuchungen über die Bestimmung der diastatischen
     Kraft des Malzes und von Malzextrakten. München 1908: A. Fröhlich.
     52 S. 8⁰   [M 08
     [Im Ausz. in: Zeitschrift f. d. gesamte Brauwesen. N. F. Jg. 31, 1908.]

673 Geys, Karl: Beiträge zur chemischen Kenntnis der Gerstenspelzen. Mün-
     chen 1910: Jos. Krämer. 40 S. 8⁰   [M 09
     [Im Ausz. in: Zeitschrift f. d. gesamte Brauwesen. N. F. Jg. 33, 1910.]

674 Hager, Georg: Kulturversuche mit höheren Pflanzen über die Aufnahme
     und organische Verteilung von Strontium, Baryum, Magnesium neben
     und in Vertretung von Calcium. Borna-Leipzig 1909: Noske. 100 S.,
     1 Bl. 8⁰   [Dr 09

675 Leberle, Hans: Beiträge zur Kenntnis der Gattung Mycoderma. München
     1909: Kastner & Callwey. 106 S., 2 Taf. 8⁰   [M 09
     [Im Ausz. in: Zentralblatt f. Bakteriologie, Parasitenkunde u. Infektions-
     krankheiten. Abt. 2, Bd. 28, 1910.]

676 Meier, August: Über Oxydation durch Schimmelpilze. Karlsruhe 1909:
     F. Thiergarten. 94 S., 1 Bl. 8⁰   [K 09
     [Im Ausz. in: Zeitschrift f. physiolog. Chemie. Bd 59, 1909.]

677 Miller, Martin: Beiträge zur chemischen Kenntnis der Weizenmehle.
     Augsburg 1909: J. P. Himmer. 37 S. 8⁰   [M 09

678 Ripke, Otto: Das Verhalten einiger Fungi imperfecti zu organischen
     Säuren. Heidelberg 1910: Rössler & Herbert. 64 S., 1 Bl. 8⁰ [K 09
     [Im Ausz. in: Zeitschrift f. physiolog. Chemie. Bd 73, 1911.]

679 Siller, Rudolf: Zur Chemie des Hopfens. Berlin: Springer 1909. 31 S. 8⁰ [M 09

680 Spies, Fritz: Untersuchungen von nach dem Plasmolyse-Verfahren gewon-
     nenen Hefe-Enzymen. Würzburg 1909: C. J. Becker. 83 S. 8⁰ [Brn 09

681 Gatterbauer, Josef: Zur Kenntnis des sogenannten Gallisins im techni-
     schen Stärkezucker. Berlin: Springer 1911. 28 S. 8⁰   [M 10
     [Ersch. auch in: Zeitschrift f. Untersuchung d. Nahrungs- u. Genussmittel.
     Bd 22, 1911.]

682 Moertlbauer, Fritz: Über den Einfluss verschiedenzeitiger Salpeterdün-
     gung auf Ausbildung und Ertrag der Getreidepflanze. München 1910:
     L. Mössl. 2 Bl., III, 152 S. 8⁰   [M 10
     [Im Ausz. in: Zeitschrift f. d. gesamte Brauwesen. N. F. Jg. 34, 1911.]

683 Weinstein, Jancu: »Zur Kenntnis der Koagulationsverhältnisse der lös-
     lichen Eiweißstoffe des Malzes und der Einwirkung der proteolytischen
     Enzyme auf das koagulierbare Eiweiß«. München 1911: E. Janich. 1 Bl.,
     68 S., 1 Bl. 8⁰   [M 10
     [Im Ausz. in: Zeitschrift f. d. gesamte Brauwesen. N. F. Jg. 34, 1911.]

684 Werner, Paul: Beiträge zum Nachweis von Beimischungen tierischen
Fettes zu Pflanzenfett mit Hilfe von Cholesterin und Phytosterin. Berlin
1911: (A. W. Schade). 50 S. 4⁰   [Be 10

g) Technische Chemie (Chemische Technologie).

I. Keramik.

685 Herramhof, H[einrich]: Untersuchungen über Scharffeuerfarben für Hart-
porzellan und Untersuchung der Spektren einiger seltenen Erden insbesondere der Reflexionsspektren ihrer Phosphate. München 1905: J.
Fuller. 1 Bl., 55 S., 1 Taf. 8⁰   [M 05

686 Scheffler, Wilhelm: Beiträge zur Kenntnis der Westerwaldtone und zur
Praxis der Steinzeugindustrie. Leipzig 1905: Alex. Schwarzenberg.
V, 1 Bl., 110 S., 1 Bl. 8⁰   [Dr 05

687 Loeser, Carl: Kalkhaltige Tone, ihre Eigenschaften, Verhalten und Färbun-
gen im Feuer. Halle a. S. 1906: Waisenhaus. VII, 63 S., 1 Taf. 8⁰   [H 06

688 Böttcher, Martin: Über die Verflüssigung des Tones durch Alkali. Weida
i. Th. 1908: Thomas & Hubert. 74 S., 1 Bl., 3 Taf. 8⁰   [Dr 08
[Ersch. auch in: Sprechsaal. Jg. 42, 1909.]

689 Plenske, Ernst: Über Mikrostruktur und Bildung der Porzellane. Coburg
[1908]: Otto Kirchhoff. 45 S., 1 Taf. 4⁰   [A 08

690 Hartmann, August: Zirkonemail. München 1910: J. Fuller. 1 Bl.,
58 S. 8⁰   [M 10

691 Havas, Béla: Über Eisenblechemaille. Beziehungen zwischen physika-
lischer Beschaffenheit und chemischer Zusammensetzung derselben. Karlsruhe 1910: Friedr. Gutsch. 112 S., 1 Bl. 8⁰   [K 10
[Im Ausz. in: Sprechsaal. Jg. 44, 1911.]

692 Rosenow, Max: Über die Bildsamkeit der Tone. Hannover 1911: Vereinsbuchdr. 49 S., 1 Bl. 8⁰   [H 10

693 Schauseil, Walther: Versuche um eine für die Kohrener und Frohburger
Topfwarenindustrie geeignete Glasur herzustellen, welche allen sanitären
Anforderungen genügt. Weida i. Th. 1910: Thomas & Hubert. 59 S. 8⁰ [Dr 10

694 Spangenberg, Albert: Zur Erkenntnis des Tongiessens. Darmstadt
[1910]: Heedt & Ganss. 49 S., 1 Bl., 1 Taf. 4⁰   [Dst 10

II. Verschiedenes.

695 Würth, Karl: Untersuchung eines Ölgasteers. München 1904: Max Volk.
95 S. 8⁰   [M 03
[Im Buchh. b. Mayer & Müller, Berlin.]

696 Gedel, Louis: Studien über Schwefeleisen mit besonderer Berücksichtigung
der Schwefelwasserstoff-Reinigung des Leuchtgases. München 1905:
Oldenbourg. 51 S. 8⁰   [K 04
[Im Ausz. in: Schillings Journal f. Gasbeleuchtung. Jg. 48, 1905.]

697 Müller, Richard: Beiträge zur Kenntnis der Phosphorfabrikation. Mühl-
heim ⟨Rhein⟩ [1904]: J. Jacobi. 87 S. 8⁰   [Dr 04

698 Unger, Carl: Entwicklung der Zement-Forschung nebst neuen Versuchen
auf diesem Gebiet. (Stuttgart [1904]: Rich. Enzig.) II, 65 S., 1 Bl. 8⁰ [S 04
[Im Buchh. b. K. Wittwer, Stuttgart.]

5*

699 Wendt, Karl: Untersuchungen an den Gaserzeugern der Tiegelgußstahl-
     fabrik »Poldihütte« zu Kladno in Böhmen   Berlin 1904: A. W. Schade.
     27 S.   4°   [Be 04

700 Heymann, Oscar F.: Über den Kammerprozeß der Schwefelsäure und
     die Bestimmung von Stickoxydul in Kammergasen.   Dresden 1906:
     Wagner & Sprung.   68 S.   8°   [Dr 06
     [Im Ausz. in: Zeitschrift f. Elektrochemie.   Bd 12, 1906.]

701 Kleiner, Erich G.: Kritische Untersuchungen über die Härtebestimmung
     im Wasser und zur Frage der Kesselspeisewasserreinigung.   Karlsruhe
     1906: Braun.   131 S.   8°   [K 06
     [Im Ausz. in: Schillings Journal f. Gasbeleuchtung.   Jg. 50, 1907.]

702 Röhm, Wilhelm: Untersuchung eines Petroleumgasteers.   München 1906:
     Rechner.   55 S.   8°   [M 06

703 Rosenfeld, Joseph: Technische Untersuchungen über rumänisches Petro-
     leum.   München 1909: Steinebach.   3 Bl., 85 S., 2 Taf.   8°   [M 06

704 Adler, Josef [D.]: Zur Theorie der Gerbung.   Heidelberg 1908: Karl
     Rössler.   59 S.   8°   [K 07
     [Im Ausz. in: Zeitschrift f. Chemie u. Industrie d. Kolloide.   Jg. 2, 1907/1908.
     Suppl. H. 2.]

705 Plüddemann, Werner: I. Beitrag zur Aufklärung des Schwefelsäurekon-
     taktprozesses.   II. Eine neue Methode zur Tensionsbestimmung von Sul-
     faten.   Berlin 1907: (A. W. Schade).   79 S.   8°   [K 07
     [Im Ausz. in: Zeitschrift f. physikal. Chemie.   Bd 62, 1908.]

706 Köhler, Alfred: Über den Einfluss der Bäuche und Bleiche auf die Ka-
     pillarität der Baumwolle.   Dresden: Rud. Kleinhempel 1908. 56 S. 8° [Dr 08

707 Schleicher, Alwin: Unterschiede in der Rostneigung einiger Eisenmate-
     rialien.   Halle a. S. 1909: Waisenhaus.   41 S.   4°   [M 08
     [Im Ausz. in: Metallurgie.   Jg. 6, 1909.]

708 Büttner, Georg: Versuche zur Destillation des Holzes mit überhitztem
     Wasserdampf.   Leipzig: J. A. Barth 1909.   65 S.   8°   [Dr 09

709 Hempel, Hubert: Über Gasöle und Ölgas.   München 1909: Oldenbourg.
     91 S., 1 Taf., 14 Bl. Tab.   8°   [K 09

710 Iwanowski, Waclaw: Über Bestimmungen des Wertes und des Preises
     der Brennereikartoffelschlempe. München 1909: A. Fröhlich. 43 S. 8° [M 09
     [Im Ausz. in: Journal f. Landwirtschaft.   Bd 57, 1909, u. Zeitschrift f.
     Spiritusindustrie.   Jg. 32, 1909.]

711 Kumpfmiller, Alexander: Über Sulfit-Zellstoff-Ablauge.   München 1909:
     Kastner & Callwey.   74 S.   8°   [M 09

712 Lieckfeld, Albert: Autogene Leuchtgas-Schweissmethoden. Berlin-Wilmers-
     dorf 1909: Georg Feese.   38 S., 1 Bl., 3 Bl. Taf.   8°   [Dr 09

713 Prochnow, Adolf: Beiträge zur Untersuchung des Kakaos und seiner
     Präparate.   Würzburg 1909: C. J. Becker.   70 S.   8°   [Brn 09
     [Im Ausz. in: Archiv d. Pharmazie   Bd 247 u. 248, 1909 u. 1910.]

714 Richter, Johannes: Untersuchung von Schwefelsäurekammergasen.   Borna-
     Leipzig 1909: Noske.   65 S.   8°   [Dr 09

715 Bucher, Willy: Untersuchung über die Verbrennung methanhaltiger Gas-
     gemische.   Berlin 1910: (A. W. Schade).   50 S.   4°   [Dr 10

716 Neuman, Joseph: Kritische Studien über Hydrolyse der Cellulose und
     des Holzes.   Dresden: Holze & Pahl 1910.   80 S.   8°   [Dr 10

717 Otto, Johannes: Versuche über die direkte Gewinnung von Aceton ⟨Ketonen⟩ aus Holzabfällen unter besonderer Berücksichtigung der dabei auftretenden Gase. Weida i. Th. 1911: Thomas & Hubert. 93 S. 8º [Dr 10

718 Sprent, Colin: Verhalten von Antimon bei der Kupferraffination. Weida i. Th. 1910: Thomas & Hubert. 70 S., 1 Bl. 8º [Dr 10

719 Tedesco, Hermann: Studien über den Ammoniaksodaprozeß. Weida i. Th. 1910: Thomas & Hubert. 77 S. 8º [Dr 10

10. Festigkeitslehre. Materialkunde.

720 Berner, Otto: Untersuchungen über den Einfluß der Art und des Wechsels der Belastung auf die elastischen und bleibenden Formänderungen. Mit 5 Fig. im Text u. 5 lithogr. Taf. Berlin: (Springer) 1903. 1 Bl., 72 S. 8º [S 02

721 Ensslin, Max: Mehrmals gelagerte Kurbelwellen mit einfacher und doppelter Kröpfung. Ihre Formänderung und Anstrengung. Mit 74 Abb. Stuttgart 1902: Union. VI, 154 S. 4º [S 02
[Im Buchh. u. d. T.: Mehrfach gelagerte Kurbelwellen mit einfacher und doppelter Kröpfung. Stuttgart: A. Bergsträsser 1902.]

722 Menzel, Alfred: Untersuchungen über das bei Bestimmung der Druckelasticität übliche Verfahren, die Dehnungen an der Mantelfläche der Versuchskörper zu messen. (Nürnberg [1903]: W. Alfa.) 1 Bl., 44 S. 4º [S 02

723 Roth, Paul: Die Festigkeitstheorien und die von ihnen abhängigen Formeln des Maschinenbaues. Leipzig 1902: Teubner. 45 S. 8º [Be 02
[Ersch. auch in: Zeitschrift f. Mathematik u. Physik. Bd 48, 1902.]

724 Michel, Eugen: Über die keramischen Verblendstoffe. Halle a. S.: Knapp 1903. 1 Bl., 48 S. 4º [H 03
[Im Buchh. ebd. 1904.]

725 Kux, Eduard: Über die elastische Formänderung der Wandungen eiserner Gasbehälterbassins. München 1905: Oldenbourg. 51 S. 8º [H 05
[Ersch. auch in: Schillings Journal f. Gasbeleuchtung. Jg. 48, 1905.]

726 Anthes, Hugo: Versuchsmethode zur Ermittlung der Spannungsverteilung bei Torsion prismatischer Stäbe. Berlin: Dietze 1906. 3 Bl., 75 S., 1 Bl. 8º [H 06
[Ersch. auch in: Dinglers Polytechn. Journal. Bd 321, 1906.]

727 Hirschland, Franz Herbert: Über die Formänderung von Drahtseilen. Berlin: Dietze 1906. 50 S., 1 Bl. 8º [H 06
[Ersch. auch in: Dinglers Polytechn. Journal. Bd 321, 1906.]

728 Berg, Friedrich: Der Spannungszustand einfach geschlungener Drahtseile. Berlin: Dietze 1907. 33 S. 8º [H 07
[Ersch. auch in: Dinglers Polytechn. Journal. Bd 322, 1907.]

729 Hempelmann, August: Versuche über Torsion rechteckig-prismatischer Stäbe. Berlin: Dietze 1907. 13 S., 1 Bl., 36 Tab. 4º [K 07
[Ersch. auch in: Dinglers Polytechn. Journal. Bd 322, 1907.]

730 Ritzmann, Friedrich: Untersuchungen über Trass-, Kalk-, Sandmörtel. Heidelberg 1907: J. Hörning. 58 S., 2 Taf., 3 Bl Tab. 8º [K 07

731 Voigt, Alexander: Über die Druckverteilung im Eisen vor einer eindringenden Schneide. Berlin 1907: Simion. S. 443—535. 4º [K 07
Aus: Verhandlungen d. Vereins zur Beförderung des Gewerbfleisses. [Jg. 86] 1907.

732   Daiber, E[rnst]: Die Formänderung rechter Winkel. Mannheim 1909:
H. Haas. 78 S. 8⁰   [S 08

733   Dondorff, J[akob]: Die Knickfestigkeit des geraden Stabes mit veränder-
lichem Querschnitt und veränderlichem Druck, ohne und mit Querstützen.
Düsseldorf 1907. 47 S., 1 Taf. 8⁰   [A 08
[Im Buchh. b. Baedeker, Düsseldorf 1908.]

734   Kürth, Alfred: Über die Beziehung der Kugeldruckhärte zur Streck-
grenze und zur Zerreißfestigkeit zäher Metalle. Berlin 1908: (A. W.
Schade. 45 S. 4⁰ (8⁰)   [Be 08
(Ersch. auch in: Mitteilungen über Forschungsarbeiten auf d. Gebiete d.
Ingenieurwesens. [H. 65 u. 66].)

735   Bock, Ernst: Die Bruchgefahr der Drahtseile. (Essen-Ruhr) 1909: (W.
Girardet). 42 S. 4⁰   [H 09
(Aus: Glückauf. Jg. 45 [1909].)

736   Krüger, Walter: Untersuchungen über die Anstrengung dickwandiger
Hohlzylinder unter Innendruck. Berlin 1908: (A. W. Schade). 65 S.,
2 Taf. 4⁰ (8⁰)   [Be 09
[Ersch. auch als: Mitteilungen über Forschungsarbeiten auf d. Gebiete d.
Ingenieurwesens. H. 87.]

737   Mysz, Ernst: Beitrag zur Theorie des Druckversuches. Berlin 1909: G.
Schade. 54 S., 1 Bl. 4⁰   [Dst 09

738   Schneider, John J.: Die Kugelfallprobe. Berlin 1910: (A. W. Schade).
50 S. 4⁰ (8⁰)   [Be 09
[Ersch. auch in: Mitteilungen über Forschungsarbeiten auf d. Gebiete d.
Ingenieurwesens. H. 104.]

739   Zacharias, Ludwig: Untersuchungen an zylindrischen Schraubenfedern
mit kreisförmigem Querschnitte. Berlin 1910: (A. W. Schade). 31 S.
4⁰ (8⁰)   [Brn 09
[Ersch. auch in: Mitteilungen über Forschungsarbeiten auf d. Gebiete d.
Ingenieurwesens. H. 106.]

740   Höniger, Walter: Ein Verfahren zur Ermittlung des Verlaufs der ver-
änderlichen Stoßkraft bei Stauchversuchen. Berlin 1910: Wilhelma. 26 S.,
5 Bl. Tab., 15 Taf. 4⁰   [Be 10

741   Quietmeyer, Friedrich: Zur Geschichte der Erfindung des Portland-
zementes. Berlin: Tonindustrie-Zeitung 1911. XX, 188 S., 1 Bl. 8⁰   [H 10
[Im Buchh. ebd. 1912.]

742   Seyrich, Karl Arno: Über die Einwirkung des Ziehprozesses auf die
wichtigsten technischen Eigenschaften des Stahls. Berlin 1911: (A. W.
Schade). 70 S. 4⁰ (8⁰)   [Dr 10
[Ersch. auch in: Mitteilungen über Forschungsarbeiten auf d. Gebiete d.
Ingenieurwesens. H. 119.]

743   Skutsch, Rudolf: Über den Einfluß der elastischen Nachwirkung auf die
Leistungsfähigkeit der Riementriebe. Dortmund 1910: C. L. Krüger.
37 S., 2 Taf. 4⁰   [Brn 10

Vgl. auch: 125, 754, 757, 876, 916—919, 921, 939, 1121, 1123, 1132.

11. Mechanische Technologie.

744   Schatz, Desiderius: Einfluss der Appretur auf die physikalischen Eigenschaften eines halbwollenen Gewebes. Leipzig 1902: Hallberg & Büch-
ting. 84 S. 8⁰   [Brn 02
[Ersch. auch in: Zeitschrift f. d. gesamte Textilindustrie. Jg. 5, 1901/1902.]

745   Handorff, F[ranz] von: Die Ausführung von Kreisteilungen in der Ma-
schinentechnik. Berlin: S. Fischer 1903. 19 S. 4⁰   [H 03
[Ersch. auch in: Zeitschrift f. Werkzeugmaschinen u. Werkzeuge. Jg. 7,
1902/1903.]

746   Schlesinger, Georg: Die Passungen im Maschinenbau. Berlin 1904:
(A. W. Schade). 41 S. 4⁰ (8⁰)   [Be 04
[Ersch. auch in: Mitteilungen über Forschungsarbeiten auf d. Gebiete d.
Ingenieurwesens. H. 18.]

747   Willkomm, Otto: Beiträge zur mechanischen Technologie der Wirkerei:
Ware u. Wirkmuster an Rundstühlen. Leipzig: Theod. Martin 1905.
66 S. 4⁰   [Dr 05

748   Burgmann, Robert: Asbest-Spinnerei. München 1906: Kastner & Callwey.
49 S. 4⁰   [M 06

749   Früh, Michael: Studien über die Bildung des Kötzers beim Selfaktor.
Berlin: Dietze 1907. 55 S. 8⁰   [M 07
[Ersch. auch in: Dinglers Polytechn. Journal. Bd 322, 1907.]

750   Gies, Heinrich: Der Einfluß des Spinnverfahrens auf die mittlere Haar-
länge von Kammgarn. Berlin: Verlag f. Textil-Industrie 1907. 47 S. 4⁰ [Dr 07
Aus: Zeitschrift f. Textil-Industrie. [Jg. 2, 1907.]

751   Hilpert, August: Die Verwendbarkeit der Azetylen-Sauerstoff-Schweissung
im Maschinenbau. München 1908: Oldenbourg. 34 S. 4⁰   [Be 08

752   Schneider, Heinrich: Über die technologische Veränderung der Leinen-
garne durch den Bleichprozess. Leipzig: Theod. Martin 1908. 38 S. 4⁰ [Dr 08

753   Sobbe, Carl: Beiträge zur Technologie des Schmiedepressens. Düsseldorf; (Berlin: Springer) 1908. 36 S. 4⁰   [Be 08

754   Young, Niels: Einfluss der Appretur auf die Festigkeitseigenschaften eines
Kammgarngewebes ⟨Serge⟩. Borna-Leipzig 1908: Noske. 2 Bl., 88 S.,
1 Bl., 17 Taf. 8⁰   [Dr 08

755   Lindemann, Otto: Beiträge zur Kenntnis der Einwirkung von Natronlauge
auf Baumwolle. Dresden 1909: Th. Beyer. 56 S., 4 Taf. 8⁰   [Dr 09

756   Neuenhofer, Karl: Der Kettenfadenwächter am mechanischen Webstuhle.
Leipzig: Theod. Martin [1909]. 35 S. 4⁰   [H 09

757   Nicolaus, Georg: Die technischen Anforderungen des Wertpapierdruckes.
(Berlin: Springer in Komm.) 1909. 12 S. 4⁰   [Be 09
(Ersch. auch in: Zeitschrift d. Vereines deutscher Ingenieure. [Bd 54] 1910.)

758   Mühlschlegel, G[eorg]: Untersuchungen der Spinnvorgänge. Berlin:
Verlag f. Textil-Industrie 1911. 68 S. 4⁰   [M 10

759   Schulze, Walter: Über den Einfluss der einzelnen Appreturstufen auf die
Wasser-, Licht-, Luft- und Wärmedurchlässigkeit eines wollenen Tuches.
Leipzig: Theod. Martin 1910. 58 S., 1 Bl. 8⁰   [Dr 10

760 Walther, Franz: Versuche über den Arbeitsbedarf und die Widerstände
beim Blechbiegen. Berlin 1910: (A. W. Schade). 75 S. 4⁰(8⁰)   [H 10
[Ersch. auch als: Mitteilungen über Forschungsarbeiten auf d. Gebiete d.
Ingenieurwesens. H. 113.]

761 Zeising, Hermann: Uber Schappe-Spinnerei. Leipzig: Theod. Martin
1910. 48 S. 4⁰   [Brn 10

Vgl. auch: 731, 742.

12. Architektur und bildende Kunst.

a) Einzelne Baumeister und Künstler.

762 Mackowsky, Walter: Giovanni Maria Nosseni und die Renaissance in
Sachsen. Berlin: Wasmuth 1904. 110 S. 4⁰(8⁰)   [Dr 04
[Ersch. auch als: Beiträge z. Bauwissenschaft. H. 4, 1905.]

763 Klopfer, Paul: Weinlig und seine Zeit. Berlin: Wasmuth [1905]. 82 S.
4⁰(8⁰)   [Dr 05
[Ersch. auch u. d. T.: »Christian Traugott Weinlig und die Anfänge des
Klassizismus in Sachsen« als: Beiträge z. Bauwissenschaft. H. 5.]

764 Korn, Richard: Kriegsbaumeister Graf Rochus zu Lynar, sein Leben und
Wirken. Dresden [1905]: C. Heinrich. XIII, 140 S. 8⁰   [Dr 05
[Im Buchh. ebd.]

765 Willich, Hans: Die Kirchenbauten des Giacomo Barozzi da Vignola. Ein
Beitrag zur Entwicklungsgeschichte des Barockstils. München 1905:
Alphons Bruckmann. 1 Bl., 64 S. 8⁰   [M 05
[In erweit. Form als: Zur Kunstgeschichte d. Auslandes. H. 44.]

766 Schubert, Otto: Herrera und seine Zeit. Teilabdruck aus der ... Disser-
tation über »Die Entwickelung des spanischen Barock.« Stuttgart [1906]:
Greiner & Pfeiffer. 58 S. 4⁰   [Dr 06
[Ersch. vollst. u. d. T.: Geschichte des Barock in Spanien. Esslingen:
Paul Neff 1908.]

767 Phleps, Hermann: Zwei Schöpfungen des Simon Louis du Ry aus den
Schlössern Wilhelmstal und Wilhelmshöhe bei Kassel. Berlin: Ernst
1908. 27 S., 4 Taf. gr. 2⁰   [Dr 07
(Aus: Zeitschrift f. Bauwesen. Jg. [58] 1908.)

768 Wende, Oskar: Wendel Roskopf, »Meister zu Görlitz und in der Schlesy.«
Ein Beitrag zur Geschichte der Renaissance in Schlesien. Breslau 1908:
Grass, Barth & Comp. 44 S. 4⁰   [H 07

769 Sack, Bernhard: Georg Moller. Sein Leben und Wirken. (Bayreuth)
1908: (Leonh. Tripss). IV, 79 S. 8⁰   [M 08

770 Heinemann, Willy: Die Villenbauten des Andrae Palladio. Berlin 1909:
Emil Streisand. 135 S., 1 Bl. 4⁰   [Dr 09

771 Hinrichs, Walther Th.: Carl Gotthard Langhans, ein schlesischer Baumeister 1733—1808. Strassburg: J. H. Ed. Heitz 1909. VI, 88 S.,
32 Taf. 8⁰   [H 09
[Ersch. auch als: Studien zur deutschen Kunstgeschichte. H. 116.]

b) Beschreibende, bau- und kunstgeschichtliche Darstellungen.

I. Allgemeines und Verschiedenes.

772 Schleuning, W[ilhelm]: Velia in Lucanien. Berlin 1902: (G. Reimer).
28 S., 1 Taf. 4⁰ [K 02
(Aus: Jahrbuch des Kaiserlich Deutschen Archäolog. Instituts. Bd 4, 1889.)

773 Jänecke, Wilhelm: Über die Entwickelung der Akanthusranke im französischen Rokoko, dargestellt an Stichen französischer Meister in der Zeit von 1650—1750. Mit 57 nach den Originalen gezeichn. Abb. Hannover: Gebr. Jänecke 1902. 31 S. 4⁰ [H 03

774 Rowald, Paul: Beiträge zur Geschichte der Grundsteinlegung. Hannover 1904: (Waisenhaus, Halle a. S.). 94 S. 8⁰ [H 04
(Aus: Zeitschrift f. Bauwesen. [Jg. 54, 1904.])
[Im Buchh. u. d. T.: Geschichte der Grundsteinlegung. Berlin: Ernst 1904.]

775 Cube, Gustav von: Über die römische »Scenae Frons« in den pompejanischen Wandbildern 4. Stils. Berlin: Wasmuth 1906. 42 S., 1 Bl. 4⁰ (8⁰) [H 05
[Ersch. auch als: Beiträge z. Bauwissenschaft. H. 6].

776 Heinz, W[ilhelm]: Studien über die ehemalige freie Reichsstadt Wetzlar und ihre Bauten. Wetzlar 1907: Schnitzler. 59 S., 26 Taf., 1 Plan. 8⁰ [H 05

777 Rauda, Fritz: Die mittelalterliche Baukunst Bautzens. Herausgegeben von der Oberlausitzischen Gesellschaft der Wissenschaften zu Görlitz. (Görlitz) 1905: ⟨Görlitzer Nachrichten u. Anzeiger), [H. Tzschaschel in Komm.]. XI, 2 Taf., 99 S. 4⁰ (8⁰) [Dr 05

778 Schmidt, Friedrich: Über den Ursprung des romanischen Baustils. Regensburg [1904]: Verlagsanstalt vorm. G. J. Manz. 83 S. 8⁰ [M 05

779 Sohrmann, Johannes: Die altindische Säule. Ein Beitrag zur Säulenkunde. Dresden: G. Kühtmann 1906. 2 Bl., 79 S. 4⁰ (8⁰) [Dr 05

780 Steinberg, Curt: Die sächsische Plastik des XIII. Jahrhunderts im Dienste der Architektur. Dresden 1908: A. Schütt. 36 S., 1 Bl. 4⁰ (8⁰) [Dr 07

781 Böttcher, C[arl]: Altsächsische Wendeltreppen nebst einem Überblick über die Entwicklung des Wendeltreppenbaues im allgemeinen. Dresden: G. Kühtmann 1909. XV, 134 S. 4⁰ (8⁰) [Dr 08

782 Heiligenthal, Roman Friedrich: Baugeschichte der Stadt Bruchsal vom 13. bis 17. Jahrhundert. Heidelberg: Carl Winter 1909. 149 S., 1 Bl., 1 Taf. 4⁰ [K 08
(Ersch. in erweit. Form als: Zeitschrift f. Geschichte d. Architektur. Beih. 2.)

783 Heußinger, Konrad: Das Bauwesen in Alt-Nürnberg erläutert an einigen Beispielen der Ein- und Zweihof-Anlage. Nürnberg: Zerreiss [1908]. 1 Bl., 108 S., 1 Bl. 4⁰ [Dr 08

784 Langenegger, Felix: Beiträge zur Kenntnis der Baukunst des Irâq (heutiges Babylonien). Bautechnik, Baukonstruktionen und Aussehen der Baugegenstände unter teilweiser Bezugnahme auf die Baukunst der Vergangenheit des Landes sowie auf die gesamte Baukunst des Islâm. Dresden: G. Kühtmann 1911. 1 Taf., VIII, 200 S. 4⁰ (8⁰) [Dr 08
[Im Buchh. ebd. u. d. T.: Die Baukunst des Irâq (heutiges Babylonien).]

785 Wagner, Hans: Über die romanische Baukunst in Regensburg. München [1909]: Carl Gerber. 80 S. 8⁰ [M 08
[Im Buchh. u. d. T.: Studien über die romanische Baukunst in Regensburg. München: A. Coppenrath 1910.]

786 Wilde, H[ans]: Brussa, eine Entwickelungsstätte türkischer Architektur
      in Kleinasien unter den ersten Osmanen. Berlin: Wasmuth 1909. 1 Bl.,
      135 S. 4⁰   [Dr 08
      [Ersch. auch als: Beiträge z. Bauwissenschaft. H. 13.]

787 Scheibe, Werner: Die baugeschichtliche Entwickelung von Kamenz in
      Sachsen. Görlitz: Oberlausitzische Gesellsch. d. Wissenschaften; H. Tzscha-
      schel in Komm. 1909. IV, 93 S. 4⁰   [Dr 09

788 Stübinger, Otto: Die römischen Wasserleitungen von Nîmes und Arles.
      Heidelberg: Carl Winter 1909. 42 S., 1 Bl., 2 Bl. Taf. 4⁰   [K 09
      (Ersch. in erweit. Form als: Zeitschrift f. Geschichte d. Architektur. Beih. 3.)

789 Carius, Arthur: Ornamentik am oberhessischen Bauernhause. (Teildruck.)
      Frankfurt a. M.: Heinr. Keller 1910. 16 S., 1 Bl., 27 Taf. 4⁰ [Dst 10
      (Ersch. vollst. ebd.)

790 Fusch, Gustav: Über Hypokausten-Heizung und mittelalterliche Heizungs-
      anlagen. Hannover 1910: Gebr. Jänecke. V S., 1 Bl., 116 S., 1 Bl. 8⁰ [H 10

791 Jordan, Julius: Konstruktions-Elemente assyrischer Monumentalbauten.
      Berlin: Wasmuth 1910. IV S., 1 Bl., 42 S. 4⁰ (8⁰)   [Dr 10
      [Ersch. auch als: Beiträge z. Bauwissenschaft. H. 18.]

Vgl. auch: 724, 1262.

II. Tempel- und Kirchenbauten.

792 Muthesius, Hermann: Der Kirchenbau der englischen Secten. Halle a. S.
      1902: Waisenhaus. 60 S. 8⁰   [Dr 02
      [Ersch. auch als 2. Teil d. Werkes: Die neuere kirchliche Baukunst in
        England. Entwicklung, Bedingungen u. Grundzüge des Kirchenbaues
        der englischen Staatskirche u. der Secten. Berlin: Wilh. Ernst 1901.]

793 Rahtgens, H[ugo]: S. Donato zu Murano und ähnliche venezianische Bauten.
      Berlin: Wasmuth [1903]. 1 Taf., 1 Bl., 96 S. 4⁰ (8⁰)   [Dr 02
      [Ersch. auch als: Beiträge z. Bauwissenschaft. H. 3.]

794 Vetterlein, Ernst: Das Auftreten der Gotik am Dom zu Mainz. Strass-
      burg 1902: Du Mont-Schauberg. 3 Bl., 32 S., 2 Taf. 8⁰   [Dst 02

795 Holtmeyer, A[loys]: Beiträge zur Baugeschichte der Paulinzeller Kloster-
      kirche. Jena: G. Fischer 1904. 172 S., 8 Taf. 8⁰   [Dr 03
      [Ersch. auch in: Zeitschrift d. Vereins f. Thüring. Geschichte u. Altertums-
        kunde. N. F. Bd 15, 1904/1905.]

796 Jacobi, Georg v.: Untersuchungen über den Einfluß der Hirsauer Bau-
      schule auf den sächsischen Kirchenbau des XI. und XII. Jahrhunderts.
      Hannover 1904: Th. Schäfer. 40 S., 2 Taf. 8⁰   [H 03

797 Eichwede, Ferdinand: Beiträge zur Baugeschichte der Kirche des kaiser-
      lichen Stiftes zu Königslutter. Hannover 1904: Küster. 2 Bl., 38 S.,
      9 Taf. 8⁰   [H 04

798 Fiechter, Ernst R.: Der Tempel der Aphaia auf Aigina. München 1904:
      F. Straub. 57 S., 6 Taf. 4⁰   [M 04
      [Ersch. auch in: Aegina, das Heiligtum der Aphaia. Unt. Mitw. v. Ernst
        R. Fiechter u. Hermann Thiersch hrsg. von Adolf Furtwängler. Mün-
        chen: K. b. Akad. d. Wiss. 1906.]

799 B a r t h , Alfred: Zur Baugeschichte der Dresdener Kreuzkirche. Studien über den Protestantischen Kirchenbau und Dresdens Kunstbestrebungen im 18. Jahrhundert. Mit 120 Abb. Dresden: C. C. Meinhold 1907. 2 Bl., 148 S. 4⁰ [Dr 05

800 M ä k e l t , Arthur: Mittelalterliche Landkirchen aus dem Entstehungsgebiete der Gotik. Berlin: Wasmuth 1906. 128 S. 4⁰ (8⁰) [Dr 05
[Ersch. auch als: Beiträge z. Bauwissenschaft. H. 7.]

801 H ö h l e , Heinrich: Basilika u. Zentralanlage. Leitideen der kirchlichen Planentwickelung von Konstantin dem Großen bis zum Ausgang der Romantik. Düsseldorf 1906: L. Schwann. 3 Bl., 75 S. 8⁰ [A 06

802 F r i e d e n t h a l , Karl Paul: Das kreuzförmige Oktogon. Ein Beitrag zur Entwickelungsgeschichte des Zentral- und Kuppelbaues. Karlsruhe 1908: C. F. Müller. 57 S., 1 Taf. 4⁰ [K 07

803 G o l d h a r d t , Paul: Die heiligen Berge Varallo, Orta und Varese. Berlin: Wasmuth 1908. 89 S. 4⁰ (8⁰) [Dr 07
[Ersch. auch als: Beiträge z. Bauwissenschaft. H. 9.]

804 A n d r a e , Walter: Der Anu-Adad-Tempel in Assur. Die ältere Anlage. (Teildruck.) Leipzig 1909: Aug. Pries. 54 S., 3 Taf. 8⁰ [Dr 08
(Ersch. vollst. als: Wissenschaftl. Veröffentlichung d. Deutschen Orient-Gesellschaft. 10.)

805 B i e b r a c h , Kurt: Die holzgedeckten Franziskaner- und Dominikaner-kirchen in Umbrien und Toskana. Berlin: Wasmuth 1908. VI, 70 S., 1 Bl. 4⁰ (8⁰) [Dr 08
[Ersch. auch als: Beiträge z. Bauwissenschaft. H. 11.]

806 M e y e r , Carl: Die Augustiner-Kloster-Kirche zu Ravengiersburg. Berlin: Wasmuth 1908. 1 Bl., 78 S. 4⁰ (8⁰) [Dz 08
[Ersch. auch als: Beiträge z. Bauwissenschaft. H. 12.]

807 S c h e e r e r , Felix: Kirchen und Klöster der Franziskaner und Domini-kaner in Thüringen. Ein Beitrag zur Kenntnis der Ordensbauweise. Jena: G. Fischer 1910. VI, 148 S. 8⁰ [Dr 08
[Ersch. auch als: Beiträge z. Kunstgeschichte Thüringens. Bd 2.]

808 S l e u m e r , Hermann Josef: Die ursprüngliche Gestalt der Zisterzienser-Abtei-Kirche Oliva. (Teildruck.) Heidelberg: Carl Winter 1909. 31 S., 1 Taf. 4⁰ [Dz 08
(Ersch. vollst. als: Zeitschrift f. Geschichte d. Architektur. Beih. 1.)

809 C o e r s , Paul: Die Bautätigkeit der Augustiner in Niedersachsen während des 12. Jahrhunderts. Ein Beitrag zur Baugeschichte. Dortmund 1909: C. L. Krüger. 51 S., 6 Taf. 8⁰ [H 09

810 K l i n g e n b e r g , W[alter]: Burgundische Stadt- und Landkirchen. Berlin: Ernst 1910. 98 S., 1 Bl. 4⁰ [Dr 09
[Ersch. auch in: Zeitschrift f. Bauwesen. Jg. 60, 1910.]

811 K ö s s e r , Fritz: Holzgedeckte Landkirchen in der Normandie. Dresden: G. Kühtmann 1909. IV, 139 S. 4⁰ [Dr 09

812 A b r a h a m , Richard: Die Trinitatiskirche zu Danzig. Danzig 1910: A. W. Kafemann. 37 S., 1 Bl. 8⁰ [Dz 10

813 F i s c h e r . Friedrich: Der Danziger Kirchenbau des 15. und 16. Jahrhun-derts. Danzig 1910: A. W. Kafemann. 38 S., 2 Bl. 8⁰ [Dz 10

814 G e r b e r , William: K. K. Österreichisches Archäologisches Institut. Unter-suchungen und Rekonstruktionen an altchristlichen Kultbauten in Salona. (Teilabdruck.) Wien 1911: (Rud. M. Rohrer, Brünn). 71 S., 4 Taf. 2⁰ [Dr 10
[Ersch. vollst. u. d. T.: Altchristliche Kultbauten Istriens und Dalmatiens. Dresden: G. Kühtmann 1912.]

815 Meyer, Kurt: Die Baugeschichte des Doms zu Brandenburg a. H. o. O.
       1910. 61 S., 1 Bl. 4⁰   [Be 10
     (Ersch. zum Teil in: Zeitschrift f. Geschichte d. Architektur. Jg. 1, 1907/1908.)

816 Weishaupt, Carl: Alt-St. Marien u. Alt-St. Peter und Paul zu Danzig im
       Typ der reduzierten Basilika. Danzig 1910: (A. W. Kafemann). 109 S.,
       1 Bl. 4⁰   [Dz 10

Vgl. auch: 765, 785.

III. Paläste, Schlösser, Burgen, Tore, Gärten.

817 Eberbach, Otto: Die deutsche Höhenburg des Mittelalters in ihrer bau-
       lichen Anlage, Entwicklung und Konstruktion. Stuttgart [1903]: Greiner
       & Pfeiffer. 63 S., 6 Taf. 8⁰   [S 03

818 Waag, Hans: Der Bolongaro-Palast zu Höchst a/Main. Frankfurt am Main
       1904: Knauer. 1 Taf., 59 S. 4⁰   [Dst 04
     [Im Buchh. ebd.]

819 Lewy, Max: Schloss Hartenfels bei Torgau. Berlin: Wasmuth 1908.
       111 S. 4⁰ (8⁰)   [Dr 07
     [Ersch. auch als: Beiträge z. Bauwissenschaft. H. 10.]

820 Rüdiger, Alfred: Die links der Elbe gelegenen Burgen im Königreiche
       Sachsen. Berlin: Wasmuth 1909. VII, 125 S. 4⁰ (8⁰)   [Dr 08
     [Ersch. auch als: Beiträge z. Bauwissenschaft. H. 14.]

821 Tilemann, Georg: Der römische Kaiserpalast in Trier. Mit 7 Taf. Göt-
       tingen 1908: Hubert. 1 Bl., 16 S., 3 Bl. Taf. 4⁰   [H 08
     [Im Buchh. ebd. als Aufl. 2, 1909.]

822 Behr, Heinrich v.: Die Porta nigra in Trier. (Mit 64 Abb. im Text.) (Trier:
       Val. Lintz in Komm. [1908].) 86 S. 4⁰   [Be 09
     (Aus: Zeitschrift f. Bauwesen. Jg. [58] 1908.)

823 Hölscher, Uvo: Das Hohe Tor von Medinet Habu. Eine baugeschichtliche
       Untersuchung. (Teildruck.) Leipzig 1909: Aug. Pries. 38 S. 8⁰   [Be 09
     (Ersch. vollst. als: Wissenschaftl. Veröffentlichung d. Deutschen Orient-
       Gesellschaft. 12.)

824 Koch, Hugo: Sächsische Gärten. (Teildruck.) Berlin: Deutsche Bauzeitung
       [1909]. 60 S. 8⁰   [Dr 09
     (Ersch. vollst. ebd. u. d. T.: Sächsische Gartenkunst. [1910].)

825 Nova, Max: Die Stadttore der Mark Brandenburg im Mittelalter. Berlin:
       Wasmuth 1909. IV S., 1 Bl., 88 S. 4⁰ (8⁰)   [Be 09
     [Ersch. auch als: Beiträge z. Bauwissenschaft. H. 15.]

826 Gutman, Emil: Das Großherzogliche Residenzschloss in Karlsruhe. Heidel-
       berg: Carl Winter 1911. 94 S., 1 Taf. 4⁰   [K 10
     (Ersch. in erweit. Form als: Zeitschrift f. Geschichte d. Architektur. Beih. 5.)

Vgl. auch: 767, 770.

IV. Theater, Schul-, Rat-, Kranken- und Warenhäuser.

827 Hammitzsch, Martin: Der moderne Theaterbau. Der höfische Theater-
       bau. Der Anfang der modernen Theaterbaukunst, ihre Entwicklung und
       Betätigung zur Zeit der Renaissance, des Barock und des Rokoko.
       Mit 142 Ill. u. 228 Anm. Berlin: Wasmuth 1906. VIII, 207 S. 4⁰(8⁰)   [Dr 04
     [Ersch. auch als: Beiträge z. Bauwissenschaft. H. 8.]

828 Lipp, Ludwig: Beiträge zum ländlichen Schulhausbau. (Darmstadt) 1907:
      (C. F. Winter). 56 S., 13 Taf. 4⁰   [Dst 07
      [Im Buchh. b. E. Roth, Giessen.]

829 Brandt, Paul: Das rechtstädtische Rathaus zu Danzig. Eine baugeschicht-
      liche Studie. Bremen: H. M. Hauschild 1909. 1 Taf., 40 S., 1 Bl. 8⁰   [Dz 09

830 Moritz, Eduard: Das antike Theater und die modernen Reformbestrebungen
      im Theaterbau. (Berlin: Wasmuth) 1910. IV S., 2 Bl., 114 S. 4⁰ (8⁰)   [K 09
      (Ersch. auch als: Beiträge z. Bauwissenschaft. H. 17.)

831 Ruppel, F[riedrich]: Deutsche und ausländische Krankenanstalten der
      Neuzeit. Leipzig [1909]: F. Leineweber. VIII, 149 S. 4⁰   [Be 10
      [Im Buchh. ebd.]

832 Wiener, Alfred: Das Warenhaus. Berlin: Wasmuth 1911. V, 50 S. 4⁰ [Dr 10
      [Ersch. ebd. in erweit. Form u. d. T.: Das Warenhaus, Kauf-, Geschäfts-,
      Büro-Haus. 1912.]

<h2 style="text-align:center">V. Wohngebäude.</h2>

833 Fiedler, Wilhelm: Das Fachwerkhaus in Deutschland, Frankreich und
      England. Berlin: Wasmuth [1902]. 2 Bl., 99 S. 4⁰ (8⁰)   [Dr 02
      (Ersch. auch als: Beiträge z. Bauwissenschaft. H. 1.)

834 Dietrich, Walther: Beiträge zur Entwicklung des bürgerlichen Wohn-
      hauses in Sachsen im 17. und 18. Jahrhundert. Leipzig 1903: Trenkler.
      1 Bl., 83 S. 4⁰   [Dr 03
      [Im Buchh. b. Gilbers, Leipzig 1904.]

835 Göbel, Heinrich: Darstellung der Entwicklung des süddeutschen Bürger-
      hauses. Text mit 311 Abb. Hierzu ein Atlas mit 30 Taf. Dresden: G. Küht-
      mann 1908. Textbd.: IV S., 1 Bl., 411 S. 4⁰ Atlas: 1 Bl., 30 Taf. gr. 2⁰ [Dst 07
      [Im Buchh. ebd. u. d. T.: Das süddeutsche Bürgerhaus.]

836 (Heller, Wilhelm:) Die historischen Merkmale der thüringischen und sla-
      vischen Holzarchitektur beim deutschen Bauernhaus. Breslau 1908:
      Böhm & Taussig. 56 S., 1 Bl., 16 Taf. 8⁰   [Be 08

837 Gentzen, Felix: Die Kanzelhäuser und ähnliche Miethäuser Alt-Danzigs.
      Danzig: ⟨Selbstverl.⟩; Druck von W. F. Braun 1909. 44 S. 4⁰   [Dz 09

838 Rannacher, Albert: Das bürgerliche Wohnhaus in Meißen. Meißen:
      Verein f. Geschichte d. Stadt Meißen; Louis Mosche in Komm. [1910].
      102 S., 1 Bl. 8⁰   [Dr 09
      [Ersch. auch als: Mitteilungen d. Vereins f. Geschichte d. Stadt Meißen.
      Bd 8, H. 1.]

839 Reuther, Oskar: Das Wohnhaus in Bagdad und anderen Städten des
      Irak. Berlin: Wasmuth 1910. XVI, 118 S. 4⁰ (8⁰)   [Dr 09
      [Ersch. auch als: Beiträge z. Bauwissenschaft. H. 16.]

840 Scheibner, Richard: Duderstadt, Einbeck, Gandersheim. Ein Beitrag zur
      Geschichte des städtischen Bürgerhauses Niedersachsens. Dresden: G.
      Kühtmann 1909. 159 S. 4⁰   [Be 09
      [Im Buchh. ebd. u. d. T.: Das städtische Bürgerhaus Niedersachsens.
      Duderstadt. Einbeck. Gandersheim. 1910.]

841 Vogts, Hans: Das Mainzer Wohnhaus im 18. Jahrhundert. (Teildruck.)
      Mainz 1909: Joh. Falk III. Söhne. IV, 74 S., 1 Bl., 4 Taf. 4⁰   [Dst 09
      (Ersch. vollst. als: Beiträge z. Geschichte d. Stadt Mainz. 1.)

842 Koßmann, Walter: Arbeiterwohnhaustypen ⟨Einfamilienhäuser⟩. Ein Beitrag zum Arbeiterwohnungswesen. Mit 18 Abb. Dresden: G. Kühtmann 1912. 151 S. 4° [Dr 10

843 Unglaub, Franz: Die Diele im niedersächsischen Bauernhaus und norddeutschen Bürgerhaus. Lübeck 1911: H. G. Rathgens. 177 S. 8° [Dr 10
(Ersch. auch in: Zeitschrift d. Vereins f. lübeckische Geschichte. Bd 13 u. 14.]

Vgl. auch: 783.

c) Konstruktive Einzelheiten des Hochbaues.

844 Wesser, Rudolf: Der Holzbau mit Ausnahme des Fachwerks. Berlin: Wasmuth [1903]. 2 Bl., 73 S., 1 Bl. 4° (8°) [Dr 02
[Ersch. auch als: Beiträge z. Bauwissenschaft. H. 2.]

845 Gerecke, Karl: Untersuchungen zu Knotenpunktsausbildungen bei Holzkonstruktionen. Braunschweig 1909: Vieweg. VIII S., 1 Bl., 88 S., 1 Bl. 8° [Brn 09

846 Niemann, Richard: Die Grundlagen und Mittel der vorbeugenden Hausschwammbekämpfung auf konstruktivem Wege. Leipzig 1909: Aug. Hoffmann. 122 S., 1 Bl. 8° [H 09

847 Kallmorgen, Walther: Der Bau von Wendeltreppen aus Backstein im norddeutschen Backsteingebiet. Berlin: Selbstverl.; Druck von Franz Kempges, Köln a. Rh. 1910. XXXI, 27 S. 4° (8°) [Dz 10
[Im Buchh. b J. Harder, Altona.]

848 Pöthig, Otto: Das Problem der deutschen Dachform im Einzel- und Städtebau und die neuen Dachkonstruktionen. Mit e. Titelbild u. 134 Abb. Berlin: Ernst 1911. 1 Taf., 2 Bl., 288 S. 4° (8°) [Brn 10

Vgl. auch: 781, 784, 790.

d) Bauordnung, Baupolizei.

849 Küster, Heinrich: Die Belichtung von Aufenthaltsräumen in den Bauordnungen. (Burg b. M. [1908]: A. Hopfer.) 79 S. 8° [H 07

850 Dewitz, Hans: Baupolizeiliche Konstruktionsvorschriften des In- u. Auslandes und ihre Anwendung auf Kleinwohnungsbauten. Hannover [1909]: Göhmann. 76 S., 4 Taf. 4° [Dr 09

851 Sidow, Hans: Bauregeln und Baugesetze. Ein Beitrag zur Baugeschichte. Düsseldorf 1909: C. Jesinghaus. 52 S. 8° [H 09

852 Hinz, R[ichard]: Vom Einfluß der Bauordnungen in Preußen auf die bauliche Entwicklung der Bauerndörfer. Ein Beitrag zur Förderung des Heimatschutzes. Berlin-Mariendorf: Berliner Bauplan-Vereinigung [1911]. 99 S., 2 Taf. 8° [Brn 10

e) Städtebau.

853 Forbát, Emerich: Der Bau der Städte an Flüssen in alter und neuer Zeit. Frankfurt a. M. 1904: (Jul. Sittenfeld, Berlin). 16 S. 4° [Dst 04

854 Hercher, Ludwig: Grossstadterweiterungen. Ein Beitrag zum heutigen Städtebau. Göttingen: Vandenhoeck & Ruprecht 1904. 46 S., 1 Kt. 8° [Dst 05

855　Ehrenberg, Kurt: Baugeschichte von Karlsruhe 1715—1820. Bau- u.
Bodenpolitik. Eine Studie zur Geschichte des Städtebaues. Karlsruhe
i. B. 1908: Braun. 1 Bl., 118 S. 8⁰　　　　　　　　　　　[K 08
[Im Buchh. ebd.]

Vgl. auch: 782, 848.

13. Ingenieurbauwesen.

a) Statik der Baukonstruktionen.　Graphische Methoden.

856　Frank, W[ilhelm]: Über die analytische Bestimmung der elastischen Ver-
rückungen von Fachwerken und vollwandigen Trägern mit Anwendung
auf die Berechnung von statisch unbestimmten Systemen. Stuttgart 1901:
J. B. Metzler. 58 S. 4⁰　　　　　　　　　　　　　　　　　[S 01

857　Kloss, Max: Analytisch-graphisches Verfahren zur Bestimmung der Durch-
biegung zwei- und dreifach gestützter Träger. Mit besonderer Berücksichtigung der Berechnung von Drehstrommotorenwellen. Dresden [1902]:
Woldemar Ulrich. 128 S., 4 Taf. 8⁰　　　　　　　　　　　[Dr 02
[Im Buchh. b. Polytechn. Buchhandl. A. Seydel, Berlin.]

858　Reissner, H[ans Jakob]: Schwingungsaufgaben aus der Theorie des Fachwerks. Halle a. S. 1902: Waisenhaus. 28 S. 8⁰　　　　　　　[Be 02
[Im Ausz. in: Zeitschrift für Bauwesen. Jg. 53, 1908.]

859　Thieme, Johannes: Über den Einfluss der Gelenke auf den Materialver-
brauch in den Gurtungen flusseiserner Bogenbrücken, untersucht an
dem Sonderfall des durch einen Parallelträger versteiften Parabelbogens.
(Dresden [1902]: H. B. Schulze.) 24 S., 1 Taf. 8⁰　　　　　[Dr 02

860　Völker, Philipp: Die Beziehungen zwischen den Auflagerbedingungen u.
Stabkräften beim ebenen und räumlichen Fachwerk. [Berlin: H. Stei-
nitz; Dierig & Siemens 1902.] 32 S. 8⁰　　　　　　　　　　[Dst 02
⟨Aus: Bauingenieur-Zeitung [Jg. 2, 1902] u. Das Baugewerbe [Jg. 1, 1902].⟩

861　Jordan, Hermann: Über die Berechnung von Nebenspannungen in Fachwerken mit steifen Knotenverbindungen. Strassburg i. E. 1904: Du-Mont-
Schauburg. 3 Bl., 125 S. 8⁰　　　　　　　　　　　　　　[H 03

862　Freytag, Ludwig: Gesetzmäßigkeiten in der Träger-Theorie. Berlin:
Selbstverlag; Dr. von A. W. Schade 1904. 46 S., 1 Bl. 8⁰　　[M 04

863　Lindemann, Wilhelm: Der Lokomotivrahmen als starrer Balken auf
federnden Stützen. Ein Beitrag zur Bestimmung der Lastverteilung von
Lokomotiven. Berlin 1904: A. W. Schade. 31 S., 3 Taf. 4⁰(8⁰) [Brn 04

864　Boos, Eduard: Berechnung räumlicher Fachwerke mittelst des Projektions-
Verfahrens. [Mainz 1905: Karl Theyer.] 28 S., 1 Taf. 8⁰　　[Dst 05

865　Sachs, L[eon]: Zur Berechnung räumlicher Fachwerke: Allgemeine Formeln für statisch bestimmte und insbesondere statisch unbestimmte
Kuppel-, Zelt- u. Turmdächer. Mit drei Taf. Berlin: Ernst 1905. 1 Bl.,
56 S., 3 Taf. 4⁰　　　　　　　　　　　　　　　　　　　[Dst 05

866　Kögler, Franz: Einflusslinien für beliebig gerichtete Lasten. Borna-
Leipzig 1906: Noske. 2 Bl., 64 S., 6 Taf. 8⁰　　　　　　　[Dr 06

867　Mügge, Carl: Beiträge zur zeichnerischen Lösung technischer Rechnungs-
Aufgaben. Hannover 1906: Gebr. Jänecke. VI, 40 S., 19 Taf. 4⁰　[H 06

868 Strieboll, E[rich]: Materialverhältnisse bei Balkenträgern und Bogenträgern mit Zugverband. Theoretische Ableitung der Gewichtsformeln — besonders für letztere — und Vergleich. Breslau 1905: A. Favorke. 1 Bl., 59 S., 2 Taf. 8°   [Dst 06

869 Beyer, Kurt: Eigengewicht, günstige Grundmaße und geschichtliche Entwickelung des Auslegeträgers. Mit 70 Fig. im Text. Leipzig: Wilh. Engelmann 1908. VIII, 132 S. 4° (8°)   [Dr 07
(Ersch. auch als: Fortschritte der Ingenieurwissenschaften. Gruppe 2, H. 19.)

870 Egerer, Heinrich: Beiträge zur Fachwerkstheorie. München 1908: Kastner & Callwey. 34 S. 8°   [M 07

871 Kinkel, Manfred: Zur Theorie des durchlaufenden Balkens. London 1908: (Fr. Stollberg, Merseburg). 31 S. 8°   [H 07

872 Müller, Paul: Ein Beitrag zur Theorie der Nebenspannungen in gegliederten Trägern. Braunschweig 1908: Albert Limbach. 2 Bl., 48 S., 12 Taf. 8° [Brn 07

873 Schaller, Ludwig: Einflußlinien für durchlaufende Träger auf drei und mehr Stützen. (Leipzig [1907]: O. Spamer.) 53 S., 1 Bl. 8°   [Brn 07

874 Trauer, Günther: Der günstigste Gurtabstand sowie die Gewichte gegliederter flusseiserner Zweigelenkbogenträger mit nahezu parallelen Gurtungen. Dresden: A. Dressel 1907. IV, 86 S., 6 Taf. 8°   [Dr 07

875 Platzmann, Ferdinand: Über den Querschnitt der Staumauern. Leipzig: Wilh. Engelmann 1908. VI, 62 S., 1 Bl., 2 Taf. 4° (8°)   [Dr 08
[Ersch. auch als: Fortschritte der Ingenieurwissenschaften. Gruppe 2, H. 2.]

876 Preuss, Ernst: Die Geschwindigkeit der elastischen Durchbiegungen eines wagerechten, auf zwei Stützen frei aufliegenden Trägers. Darmstadt 1908: Joh. Conr. Herbert. 50 S., 1 Bl. 8°   [Dst 08

877 Schütz, Renatus: Beiträge zur zeichnerischen Massenermittlung, Massenverteilung und Förderkostenbestimmung der Erdarbeiten. Berlin: Ernst 1908. 62 S., 1 Bl., 3 Taf. 4°   [Dst 08
[Ersch. auch in: Zeitschrift für Bauwesen. Jg. 58, 1908.]

878 Weitbrecht, Martin: Der über seine starre Unterlage überhängende, nicht eingespannte Balken sowie die Druckverteilung unter dem Ablaufschlitten eines Schiffes während des Stapellaufes mit Berücksichtigung der elastischen Formänderungen des Schiffskörpers. Berlin: Schiffbau 1908. 12 S., 3 Taf. 4°   [Be 08
(Aus: Schiffbau. Jg. 9 [1907/1908].)

879 Mann, Ludwig: Statische Berechnung steifer Vierecksnetze. Berlin: Ernst 1909. 47 S. 4°   [Be 09
[Ersch. auch in: Zeitschrift f. Bauwesen. Jg. 59, 1909.]

880 Pirlet, Joseph: Fehleruntersuchungen bei der Berechnung mehrfach statisch unbestimmter Systeme. Aachen 1909: La Ruelle. 100 S. 8°   [A 09

881 Ritter, Max: Beiträge zur Theorie und Berechnung der vollwandigen Bogenträger ohne Scheitelgelenk, insbesondere der Brückengewölbe und der im Eisenbetonbau üblichen biegungsfesten Rahmen. Berlin: Ernst 1909. 1 Bl., 54 S. 4°   [Dr 09
[Ersch. auch als: Forscherarbeiten auf dem Gebiete des Eisenbetons. H. 11.]

882 Schachenmeier, Wilhelm: Über mehrfache elastische Gewölbe. Eine theoretische Untersuchung über die statische Wirkungsweise der Übermauerung bei weitgespannten Gewölben, ein Beitrag zur Theorie der Nebenspannungen gewölbter Brücken. Leipzig: Wilh. Engelmann 1910. 2 Bl., 84 S., 1 Bl. 4° (8°)   [K 09
(Aus: Fortschritte der Ingenieurwissenschaften. Gruppe 2, H. 23.)

883 Zimmermann, Karl: Der Dreigelenkbogen aus Stein, Beton oder Eisen-
      beton. Rechnerische und zeichnerische Verfahren; Näherungsformeln und
      Tabellenwerte; allgemeine Formeln zur Dimensionierung rechteckiger
      Fugen. Stuttgart 1909: Deutsche Verlagsanstalt. 109 S., 1 Bl. 4°   [S 09
      [Im Buchh. ebd.]

884 Kirchhoff, R[udolf]: Der Zweigelenkbogen als statisch unbestimmtes Haupt-
      system. Mit 84 Fig. im Text. Berlin: Ernst 1911. 1 Bl., 62 S 8°   [Dr 10

885 Kryzan, Marian: Über die astatische Äquivalenz der räumlichen Kräfte-
      systeme. Borna-Leipzig 1910: Noske. 54 S., 2 Taf. 8°   [Dr 10

886 Nitzsche, Hans: Welche Nebenspannungen entstehen in Gewölben, die in
      senkrecht zu einer Stirnfläche stehenden Ebenen von äußeren Kräften
      belastet werden? Borna-Leipzig 1910: Noske. 2 Bl., 49 S., 2 Taf. 8° [Dr 10

887 Rummler, Otto: Beiträge zur Theorie der Schlinkschen Scheiben-
      kuppel [1]).   [Brn 10

      Vgl. auch: 20, 845, 893, 914—916, 920, 922—930, 964, 1030, 1061.

b) Grundbau. Wasserbau.

888 Giller, Willy: Vergleich zwischen den verschiedenen Betriebsarten von Schleu-
      senanlagen. München & Berlin: Oldenbourg 1904. 79 S., 6 Taf. 8°   [Be 04

889 Herbst, Waldemar: Ermittlung einer Beziehung zwischen der Nieder-
      schlagsmenge in einem Flussgebiete und der größtmöglichen Abfluß-
      menge in demselben. München 1905: C. Wolf. 32 S., 2 Taf. 4°   [M 04
      (Aus: Jahrbuch d. Kgl. Bayer. Hydrotechn. Bureaus. Jg. 6 [1904].)

890 Havestadt, Christian: Über die Verbindung von Heberverschlüssen bei
      Kammerschleusen. Berlin 1907: Ernst. 1 Bl., 70 S., 2 Taf. 8°   [Be 07
      [Im Buchh. ebd. 1908.]

891 Roch, Hermann: Die Wasserversorgung mittels Talsperren in Deutschland.
      Chemnitz [1908]: J. C. F. Pickenhahn. 80 S., 5 Taf. 8°   [Dr 08

892 Contag, Hellmut: Über die Bodengewinnung bei größeren Erdarbeiten
      insbesondere Kanalbauten, und über die Wirtschaftlichkeit des Hand-
      betriebs und des maschinellen Betriebs bei diesen Arbeiten. Berlin 1909:
      Ernst. 2 Bl., 82 S., 2 Taf. 8°   [H 09

893 Ehlers, H[ermann]: Ein Beitrag zur statischen Berechnung von Spund-
      wänden unter Berücksichtigung besonderer örtlicher Verhältnisse. Han-
      nover 1910: Gebr. Jänecke. 34 S. 8°   [Brn 09
      (Aus: Zeitschrift für Architektur und Ingenieurwesen. [Bd 56, N. F. Bd 15]
      1910.)

894 Leiner, Franz: Der Gehängebau. Mit 28 Abb. Leipzig: Wilh. Engel-
      mann 1909. X, 78 S., 2 Bl. 4°(8°)   [Brn 09
      [Ersch. auch als: Fortschritte d. Ingenieurwissenschaften. Gruppe 2, H. 21.]

895 Wolf, Josef: Über den günstigsten Einfluß einer Anlage von Stauweihern
      im Gebiet der oberen Werra auf deren Wasserführung. Mit 19 Bl.
      Zeichnungen. Hannover: Verein f. Schiffbarmachung d. Werra 1910.
      IV, 39 S., 16 Taf. 4°   [Brn 09

----

[1]) Die Arbeit lag bisher im Druck nicht vor. Die genaue Titelfassung wird in der
später folgenden Fortsetzung dieser Bibliographie nachgeholt.

                                                                          6

896 Kyrieleis, Wilhelm: Über Grundwasserabsenkung bei Fundierungsarbeiten.
       Berlin: Springer 1911. IV, 114 S., 3 Taf. 8⁰   [Be 10
     [In erweit. Form ebd. 1913.]

897 Struve, Henry: Einfluss von Niederungen und Eindeichungen auf den
       Verlauf von Hochwasserwellen, erläutert an Beispielen der unteren Oder.
       Halle a. S. 1911: Knapp. 1 Bl., 49 S., 5 Taf. 8⁰   [Be 10
     [Ersch. auch als: Sammlung wasserwirtschaftl. Schriften.   Bd 3.]

     Vgl. auch: 27, 875, 877, 1251, 1257, 1262.

         c) Städtischer Tiefbau. Gesundheitsingenieurwesen.

898 Krawinkel, Wilhelm: Über städtische Entwässerungskanäle.   Krefeld
       1904: J. B. Klein.   44 S., 4 Taf. 8⁰   [K 04
899 Weyrauch, Robert: Unterlagen zur Dimensionierung städtischer Kanalnetze.
       Stuttgart & Berlin: Fr. Grub 1904. VI, 67 S. 8⁰   [M 04
900 Hofstädter, Erich: Über das Eindringen von Bakterien in feinste Capil-
       laren. Mit einer Taf. (Auf d. Umschlag: Mit zwei Taf.) München 1905:
       Oldenbourg. 63 S., 1 Taf. 8⁰   [Dr 05
901 Imhoff, K[arl]: Die biologische Abwasserreinigung in Deutschland. Berlin
       1906: L. Schumacher. 157 S., 2 Tab. 8⁰   [Dr 05
     Aus: Mitteilungen aus d. Kgl. Prüfungsanstalt f. Wasservers. u. Abwässer-
       beseitigung. H. 7, 1906.
902 Klose, Georg: Über den Einfluss des Einbaues der Straßenbahngleise
       auf die Pflasterarten der Verkehrsstrassen in Grossstädten. Berlin: Julius
       Engelmann 1907. 26 S. 4⁰   [Be 07
903 Schmeitzner, Rudolf: Grundzüge der mechanischen Abwasserklärung.
       Leipzig: Wilh. Engelmann 1908. 2 Bl., 64 S., 2 Taf. 4⁰(8⁰) [Dr 07
     [Ersch. auch als: Fortschritte d. Ingenieurwissenschaften. Gruppe 2, H. 16.]
904 Bernhard, Friedrich: Untersuchungen über die Ursachen der Bildung des
       Staubes auf Steinschlagstrassen und über Versuche zur Bekämpfung des-
       selben. (Borsdorf-Leipzig [1908]: W. Hoppe.) 65 S. 4⁰   [Be 08
     [Im Buchh. b. F. Leineweber, Leipzig.]
905 Friese, Walther: Beiträge zur Kenntnis des Staubes in der Stadtluft.
       Borna-Leipzig 1909: Noske. 53 S. 8⁰   [Dr 08
906 Heyd, Th[eodor]: Die Planung wirtschaftlicher Städte-Kanalisationen.
       Mannheim 1908: H. Haas. 104 S. 8⁰   [S 08
     [Im Buchh. ebd. in erweit. Form u. d. T.: Die Wirtschaftlichkeit bei den
       Städte-Entwässerungsverfahren.]
907 Mannes, Hermann: Die Berechnung von Rohrnetzen städtischer Wasser-
       leitungen. München 1909: Oldenbourg. 59 S., 1 Tab. 8⁰   [H 08
     [Im Buchh. ebd.]
     [Ersch. auch in: Gesundheitsingenieur. Jg 32, 1909.]
908 Schiele, Albert: Die Abwasserfrage in der englischen Gesetzgebung und
       Verwaltung mit besonderer Berücksichtigung des gewerblichen Abwassers.
       Mit 9 Abb. Berlin 1908: L. Schumacher. VIII, 178 S. 8⁰   [Dr 08
     (Aus: Mitteilungen aus d. Kgl. Prüfungsanstalt f. Wasservers. u. Abwässer-
       beseitigung. H. 11, 1908.]
909 Meyer, Friedrich: Die Technik der Verbrennung u. Energie-Gewinnung
       aus städtischen Abfallstoffen. Leipzig: F. Leineweber 1910. 24 S. 4⁰ [Be 09
     [Ersch. auch in: Gesundheit. Jg. 35, 1910.]

910 Elsner, Alexander: Die Behandlung und Verwertung von Klärschlamm.
Mit 30 Abb. im Text. Leipzig: Wilh. Engelmann 1910. VIII S., 1 Bl.,
87 S. 4⁰ (8⁰)   [Dr 10
[Ersch. auch als: Fortschritte d. Ingenieurwissenschaften. Gruppe 2, H. 24.]

911 Reichle, Carl: Die Behandlung und Reinigung der Abwässer. Leipzig:
S. Hirzel 1910. 1 Bl., 107 S. 8⁰   [Dr 10

912 Spillner, Friedrich G.: Die Trocknung des Klärschlammes. Berlin 1910:
L. Schumacher. 63 S. 8⁰   [H 10
[Ersch. auch als: Mitteilungen aus d. Kgl. Prüfungsanstalt f. Wasservers.
u. Abwässerbeseitigung. H. 14, 1911.]

913 Weiss, [Richard]: Das Mangan im Grundwasser und seine Beseitigung.
(Hannover [1910]: Th. Schäfer.) 61 S., 3 Taf. 8⁰   [Dst 10
(Ersch. auch in: Der städtische Tiefbau. Jg. 1910.)

Vgl. auch: 31, 1050, 1053, 1249, 1266.

d) Eisenbetonbau.

914 Weiske, Paul: Graphostatische Untersuchung der Beton- und Betoneisen-
träger. ⟨Hierzu e. Taf.⟩ Wien: »Beton u. Eisen« 1904. 18 S., 1 Taf.
4⁰ (8⁰)   [H 04
[Ersch. auch als: Forscherarbeiten auf d. Gebiete des Eisenbetons. H. 2.]

915 Bosch, Joh[ann] Bapt[ist]: Berechnung der gekreuzt armierten Eisenbeton-
platte und deren Aufnahmeträger unter Berücksichtigung der Kraft-
wirkungen nach zwei Richtungen. (Berlin [1908]: Ernst.) 1 Bl., 50 S.,
1 Bl. 4⁰ (8⁰)   [Dst 08
[Ersch. auch als: Forscherarbeiten auf d. Gebiete d. Eisenbetons. H. 9.]

916 Heintel, Karl: Die Berechnung der Einsenkung von Eisenbetonplatten
und Plattenbalken. Berlin: Springer 1908. IV, 45 S. 8⁰   [S 08
[Im Buchh. ebd. 1909.]

917 Müller, Richard: Neue Versuche an Eisenbeton-Balken über die Lage und
das Wandern der Nullinie und die Verbiegung der Querschnitte. Versuche über reine Haftfestigkeit. Herausgegeben von Rud. Wolle, Zement-
baugeschäft, Leipzig. Berlin [1908]: Ernst. VIII, 87 S., 35 Taf. 4⁰ [H 08
[Im Buchh. ebd.]

918 Wienecke, Carl: Kritische Betrachtungen über die Versuche mit Balken aus Eisenbeton. Berlin 1908: Ernst. (Als Manuskr. gedr.) VIII,
118 S.   [Be 08

919 Probst, Emil: Einfluss der Armatur und der Risse im Beton auf die Trag-
sicherheit. (Berlin: Springer 1907). IV S., 1 Bl., 144 S., 9 Taf., 1 Bl. 4⁰ [Be 09
(Ersch. auch als: Mitteilungen aus d. Kgl. Materialprüfungsamt zu Gross-
Lichterfelde-West. Erg. H. 1, 1907.)

920 Eifler, Kurt: Über die Eisenarmierung kreisrunder Betonplatten. Borna-
Leipzig 1911: Noske. 2 Bl., 67 S., 9 Taf. 8⁰   [Dr 10

921 Kleinlogel, Adolf: Über das Wesen und die wahre Grösse des Verbundes
zwischen Eisen und Beton. Berlin: Springer 1911. 1 Bl., 56 S., 6 Taf.
4⁰ (8⁰)   [Dr 10

922 Pilgrim, Heinrich: Gewölbe- und Rahmenberechnung für Eisenbetonkon-
struktionen. Wiesbaden: Kreidel 1910. 43 S. 4⁰   [S 10
[Im Ausz. in: Zeitschrift f. Architektur- und Ingenieurwesen. N. F. Bd 16,
1911.]

Vgl. auch: 881, 883.

6*

e) Brückenbau.

923 Niedner, Franz: Beitrag zur Berechnung von Schiffbrücken. Mit 54 Fig.
im Text u. e. Taf. Leipzig: Wilh. Engelmann 1904. 50 S., 1 Taf. 4⁰ [Dr 03

924 Bohny, Friedrich: Theorie und Konstruktion versteifter Hängebrücken.
Leipzig: Wilh. Engelmann 1905. VI, 109 S. 4⁰   [Dst 05

925 Fischer, Ewald: Über künstliche Belastungen bei der Aufstellung von
Bogenbrücken. Dresden 1905: (Lehmann). 47 S., 2 Taf. 8⁰ [Dr 05

926 Diethelm, Hans: Kritische Besprechung der Auflagerkonstruktionen eiserner
Balkenbrücken nach Form und Berechnung. Cöln 1906: Heinr. Theissing.
40 S., 20 Taf. 4⁰   [Brn 06

927 Färber, R[ichard]: Der rationelle Entwurf gewölbter Bögen mit drei Ge-
lenken. Stuttgart: K. Wittwer 1907. 1 Bl., 95 S., 3 Taf. 8⁰ [S 07

928 Speck, Artur: Beitrag zur Geschichte und Theorie der Schwebefähr-
brücken. Leipz'g: Wilh. Engelmann 1908. 46 S., 1 Bl. 4⁰ (8⁰) [Dr 07
[Ersch. auch als: Fortschritte d. Ingenieurwissenschaften. Gruppe 2, H. 18.]

929 Birkenstock, Otto: Untersuchung der Kontinuität der Längsträger.zwei-
gleisiger Balkenbrücken. Berlin: M. Krayn 1910. 47 S. 8⁰ [Be 10

930 Hauffe, Walter: Gewichte und günstigste Abmessungen der durch Parallelträger versteiften Kabelbrücken. Dresden: A. Dressel 1910. 1 Bl.,
43 S. 8⁰   [Dr 10

Vgl. auch: 859, 881—883.

f) Eisenbahnwesen (Bahnbau, Betriebseinrichtungen, Fahrzeuge) einschl. Straßenbahnen und elektrischen Bahnen.

931 Uebelacker, Heinrich: Untersuchungen über die Bewegung von Lokomotiven mit Drehgestellen in Bahnkrümmungen. Wiesbaden: Kreidel 1903.
26 S., 3 Taf. 4⁰   [M 02
Aus: Organ f. d. Fortschritte d. Eisenbahnwesens. N. F. Bd 40, 1903.

932 Diepen, Herman: Die störenden Bewegungen der Dampflokomotive.
Aachen [1903]: La Ruelle. 55 S. 8⁰   [H 03
[Ersch. auch in: Annalen f. Gewerbe u. Bauwesen. Bd 54, 1904.]

933 Kramer, Erwin: Die Sachgemässheit der Bremsen elektrischer Straßen-
bahnen und die Mittel zur sachgemässen Steigerung ihrer Leistungsfähigkeit. München 1904: Oldenbourg. 2 Bl., 36 S. 4⁰   [Be 03
[Ersch. auch in: Elektrische Bahnen. Jg. 2, 1904.]

934 Mehlis, Heinrich: Dampfschnellbahnzug für 120 km mittlere stündliche
Geschwindigkeit ⟨150 Km-St. maximal⟩. Zossen-Berlin 1903: Deutsche
Buch- u. Kunstdr. 40 S., 10 Taf. 4⁰ (8⁰)   [K 03
[Im Buchh. als Aufl. 2 bei: G. Siemens, Berlin 1904.]

935 Reichel, Walter: Betrachtungen und Versuche über Verwendung des
Drehstromes für den Betrieb elektrischer Bahnen, insbesondere des hoch-
gespannten Drehstromes. München 1903: Oldenbourg. 73 S., 7 Taf. 4⁰ [Be03
[Im Buchh. ebd. in erweit. Form u. d. T.: Die Verwendung des_Drehstroms
insbes. des hochgespannten Drehstroms für den Betrieb elektrischer
Bahnen. Betrachtungen u. Versuche.]

936 Walloth, C. A[ugust]: Die Eisenbahnbremsfrage und insbesondere ein Vorschlag zum Abbremsen auf Steilbahnen. (Mit 8 Abb. im Text.) Wiesbaden: J. F. Bergmann 1903. 48 S. 4°   [Dr 03
[Ersch. auch in: Zeitschrift f. d. gesamte Lokal- u. Strassenbahn-Wesen. Jg. 22, 1903.]

937 Wolters, Karl: Die störenden Bewegungen der Lokomotive unter Berücksichtigung der auftretenden Reibungswiderstände. [Berlin: Dietze 1903.] 58 S. 8°   [H 03
[Ersch. auch in: Dinglers Polytechn. Journal. Bd 318, 1903.]

938 Dietrich, Max: Die Entwicklung des Straßenbahngleises infolge Einführung des elektrischen Betriebes. Berlin: Berliner Union Verlagsgesellsch. 1906. 1 Bl., 51 S. 4°   [Be 05
Aus: Eisenbahntechn. Zeitschrift. Jg. 12 [1906].

939 Bastian, Richard: Das elastische Verhalten der Gleisbettung und ihres Untergrundes. Wiesbaden: Kreidel 1906. 2 Bl., 38 S. 4°   [M 06
[Ersch. auch in: Organ f. d. Fortschritte d. Eisenbahnwesens. N. F. Bd 43, 1906. Erg. H.]

940 Harwig, Gerhard: Untersuchungen über die Anwendungsmöglichkeit eines von Hand erzeugten elektrischen Stromes für die Sicherung der Zugfahrt und Zugfolge. Berlin 1905: (G. Schade). 78 S., 5 Taf. 8°   [Be 06
[Im Buchh. b. G. Heydenreich, Charlottenburg.]

941 Jacobi, Ernst: Über die nutzbare Leistung von Güterzug-Lokomotiven und ihr Verhältnis zur Kolbendruck-Leistung. Wiesbaden: Kreidel 1908. 16 S., 2 Taf. 4°   [K 07
Aus: Organ f. d. Fortschritte d. Eisenbahnwesens. N. F. Bd 45, 1908.

942 Feyerherm, Paul: Beitrag zur Theorie der Eisenbahnkurven. Borna-Leipzig 1908: Noske. 1 Bl., 47 S. 8°   [Brn 08

943 Osthoff, Max Heinrich Philipp: Die Lentz-Ventilsteuerung an Lokomotiven. Berlin 1908: Grunert. 45 S. 4° (8°)   [Be 08
[Ersch. auch in: Dinglers Polytechn. Journal. Bd 324, 1909]

944 Zillgen, J[oseph]: Die Verkürzung der Fahrzeit im Schnellzugbetriebe und die Mittel zu ihrer Durchführung. Berlin 1908: Grunert. 26 S. 4° (8°)   [Be 08

945 Korthals, Wilhelm: Der Lauf von Fahrzeugen durch Krümmungen sowie das Verhalten der Lenkachsen. Berlin 1909: Norddeutsche Buchdr. u. Verlagsanstalt. 47 S. 8°   [Be 09

946 Martens, Hans A.: Grundlagen des Eisenbahnsignalwesens für den Betrieb mit Hochgeschwindigkeiten unter Berücksichtigung der Bremswirkung. Wiesbaden: Kreidel 1909. XII, 82 S., 17 Taf., 1 Bl. 4° (8°)   [Dst 09
[Ersch. auch in: Dinglers Polytechn. Journal. Bd 324, 1909.]

947 Hoening, Carl: Untersuchung über die Bedingungen ruhigen Laufs von Drehgestellwagen für Schnellzüge. Berlin: Springer 1910. 1 Bl., 57 S. 8" [Be 10
[Im Buchh. ebd. u. d. T.: Die Bedingungen ruhigen Laufs von Drehgestellwagen für Schnellzüge. Eine Untersuchung.]

948 Müller, Otto: Der Einfluß der neuzeitlichen Verkehrssteigerung auf die Durchbildung und Gestaltung der Strassenbahnschienen. Dresden: A. Dressel 1910. 3 Bl., 109 S., 5 Taf. 4°   [Dr 10

949 Remy, Karl: Die Größenbestimmung reiner Versand- und Empfangsschuppen. Wiesbaden: Kreidel 1910. 1 Bl., 75 S. 8°   [H 10

Vgl. auch: 42, 863. 902, 1155, 1248, 1250.

14. Maschineningenieurwesen.

a) Maschinenteile. Messapparate. (Getriebelehre siehe unter: 3. Kinematik.)

950 Roser, E[dmund]: Untersuchung des Grissongetriebes. Mit 53 Abb. Stuttgart: A. Bergsträsser 1901. 40 S., 8 Taf. 4^0 [S 01

951 Föttinger, Hermann: Effektive Maschinenleistung und effektives Drehmoment, und deren experimentelle Bestimmung. ⟨Mit besonderer Berücksichtigung großer Schiffsmaschinen.⟩ Berlin 1904: A. W. Schade. 32 S. $4^0(8^0)$ [M 04
[Ersch. auch in: Mitteilungen über Forschungsarbeiten auf d. Gebiete d. Ingenieurwesens. H. 25.]

952 Griffel, G[eorg]: Die Berechnung der Lasthaken und die sich daraus ergebenden Hakenformen bester Materialausnutzung. Berlin: Dietze 1904. 57 S., 1 Bl. 8^0 [H 04
[Ersch. auch in: Dinglers Polytechn. Journal. Bd 319, 1904.]

953 Staus, Anton: Einfluß der Wärme auf die Indikatorfeder. Berlin 1904: A. W. Schade. 46 S. $4^0(8^0)$ [K 04
[Ersch. auch in: Mitteilungen über Forschungsarbeiten auf d. Gebiete d. Ingenieurwesens. H. 26 u. 27.]

954 Koehler, Georg Wilhelm: Die Rohrbruchventile. Konstruktions-Grundlagen, Untersuchungs-Ergebnisse und Anwendungsmassregeln. Berlin 1906: A. W. Schade. 81 S. $4^0(8^0)$ [K 05
[Ersch. auch in: Mitteilungen über Forschungsarbeiten auf d. Gebiete d. Ingenieurwesens. H. 34.]

955 Lawaczeck, Franz: Beitrag zur Theorie und Konstruktion der Wage, mit besonderer Berücksichtigung der n-fach übersetzten Hebelwage. Berlin: Dietze 1906. 80 S. 8^0 [Brn 06
[Ersch. auch in: Dinglers Polytechn. Journal. Bd 321, 1906.]

956 Rehfus, Wilhelm: Schraubengetriebe mit selbsttätiger Druckregulierung. Berlin: Dietze 1910. 74 S. $4^0(8^0)$ [K 07
[Ersch. auch in: Dinglers Polytechn. Journal. Bd 325, 1910.]

957 Roemmelt, Josef: Beiträge zur Berechnung magnetisch betätigter Kupplungen und Bremsen. Berlin 1907: Franz Weber. 53 S., 9 Taf. 8^0 [Be 07

958 Sieglerschmidt, Hermann: Die Wirkungsweise und Berechnung selbsttätiger Pumpen-Hubventile. Borna-Leipzig 1907: Noske. 2 Bl., 77 S., 3 Taf. 8^0 [Dr 07
[Im Ausz. in: Zeitschrift d. Vereines deutscher Ingenieure. Bd 52, 1908.]

959 Hoffmann, Paul: Prüfung von Geschwindigkeitsmessern. Berlin 1909: (A. W. Schade). 39 S. $4^0(8^0)$ [Dz 09
[Ersch. auch in: Mitteilungen über Forschungsarbeiten auf d. Gebiete d. Ingenieurwesens. H. 100.]

960 Klein, Georg: Untersuchung und Kritik von Hochdruckmessern. Berlin 1909: (E. Buchbinder, Neu-Ruppin). VI, 78 S., 1 Bl. 4^0 [Be 09
[Im Ausz. in: Zeitschrift d. Vereines deutscher Ingenieure. Bd 54, 1910]

961 Moog, Otto: Die Globoidschneckengetriebe. [Berlin] 1910: [Zeitschrift f. Werkzeugmaschinen und Werkzeuge]. 24 S. 4^0 [H 10
[Ersch. auch in: Zeitschrift f. Werkzeugmaschinen u. Werkzeuge. Jg. 15, 1910/1911.]

962 Schmitz, Otto H.: Über Druckmessungen an hydraulischen Geschütz-
bremsen. Ein Beitrag zur Theorie der Indikatoren. Berlin: Buntrock
1910. 74 S. 8⁰   [Brn 10

Vgl. auch: 18, 26, 727, 728.

b) Kraftmaschinen. (Eisenbahnmaschinen siehe: 13 f. Eisenbahnwesen.)

I. Steuerung und Regulierung.

963 Rülf, Benno: Der Reguliervorgang bei Dampfmaschinen. Berlin 1902:
(A. W. Schade). 15 S. 4⁰   [Be 02
[Ersch. auch in: Zeitschrift d. Vereines deutscher Ingenieure. Bd 46, 1902.]
[Im Buchh. b. Springer, Berlin.]

964 Koob, A[ugust]: Das Regulierproblem in vorwiegend graphischer Behandlung. Berlin 1903: A. W. Schade. 22 S. 4⁰   [M 03
[Ersch. auch in: Zeitschrift d. Vereines deutscher Ingenieure. Bd 48, 1904.]

965 Thümmler, Fritz: Fliehkraft u. Beharrungsregler. Versuch einer ein-
fachen Darstellung der Regulierungsfrage im Tolleschen Diagramm mit
einem Anhange: Über den Einfluss des Reglers auf das Pendeln parallel
geschalteter Wechselstrommaschinen. ⟨Hierzu 6 Tafeln.⟩ Berlin: (Springer)
1903. 153 S., 1 Taf. 8⁰   [Dr 03
[Im Buchh. ebd.]

966 Bauersfeld, Walther: Über die automatische Regulierung der Turbinen.
Berlin: (Springer) 1905. 186 S. 8⁰   [Be 04
[Im Buchh. in erweit. Form ebd.]

967 Scherbius, Arthur: Vorschläge zum Bau eines indirekt wirkenden
Wasser-Turbinen-Reglers. Frankfurt a. M. [1904]: C. Naumann. 44 S.,
6 Taf. 8⁰   [H 04

968 Schmoll von Eisenwerth, Adolf: Beitrag zur Theorie u. Berechnung der
hydraulischen Regulatoren für Wasserkraftmaschinen. Berlin: Dietze
1904. 85 S., 1 Bl. 8⁰   [Dst 04
[Ersch. auch in: Dinglers Polytechn. Journal. Bd 319, 1904.]

969 Stauber, G[eorg]: Regulierung von Gasmaschinen. Berlin 1904: H. S. Hermann. 11 S. 4⁰   [Be 04

970 Schaefer, Otto: Theorie eines hydraulischen Maschinenreglers. Berlin:
Dietze 1907. 57 S., 1 Bl. 8⁰   [H 05
[Ersch. auch in: Dinglers Polytechn. Journal. Bd 322, 1907]

971 Dafinger, Eduard: Graphodynamische Untersuchung einer Heusinger-Joy-
Steuerung. Ein Beitrag zur Erkenntnis der Bewegungsverhältnisse der
Steuerungsgetriebe. Berlin: Dietze 1906. 34 S., 1 Bl. 4⁰ (8⁰)   [M 06
[Ersch. auch in: Dinglers Polytechn. Journal. Bd 322, 1907.]

972 Gensecke, Wilhelm: Untersuchung einer mittelbaren Dampfmaschinen-
regelung. Berlin 1907: (A. W. Schade). 68 S. 4⁰ (8⁰)   [Be 06
[Ersch. auch als: Mitteilungen über Forschungsarbeiten auf d. Gebiete d.
Ingenieurwesens. H. 53.]

973 Barten, Hermann: Untersuchungen, betr. die Bewegung der Ventile bei
zwangläufigen Dampfmaschinensteuerungen, insbesondere bei der Lentz'-
schen Ventilsteuerung. Hannover 1907: Wilh. Riemschneider. 1 Bl.,
27 S., 6 Taf. 8⁰   [H 07

974 Drawe, R[udolf]: Ausbildung und vergleichende Bewertung der Regelung
großer Viertakt-Gasmaschinen. St. Johann-Saarbrücken 1907: Saardrucke-
rei. 24 S. 4⁰   [Be 07

975 Baer, Herbert: Die Regelung von Dampfturbinen und ihr Einfluss auf die Energieentwicklung in den einzelnen Druckstufen   Berlin 1909: (A. W. Schade).   62 S.   4ⁿ (8º)   [M 08
[Ersch. auch als: Mitteilungen über Forschungsarbeiten auf d. Gebiete d. Ingenieurwesens.   H. 86.]

976 Lutz, R[einhold]: Zur Regelung von Automobilmaschinen.   Berlin 1909: (A. W. Schade).   68 S.   4º (8º)   [K 08
[Ersch. auch als: Mitteilungen über Forschungsarbeiten auf d. Gebiete d. Ingenieurwesens.   H. 69.]

977 Goetz, Hans: Theoretische Untersuchung einer Bonjour-Lachaussée-Dampf-maschine auf Massendruck der Steuerung und Resonanz des Regulators.   Berlin 1909: Simion.   1 Bl., 66 S.   4º (8º)   [M 09
[Im Buchh. ebd. 1910.]
[Ersch. auch in: Verhandlungen d. Vereines z. Beförderung d. Gewerb-fleisses.   Jg. 88, 1909.]

978 Hiemenz, Hans: Der Reguliervorgang beim direkt gesteuerten hydro-statischen Turbinenregulator unter Berücksichtigung der Wirkung der Anschläge am Steuerventil. Berlin: Dietze 1909. 2 Bl., 55 S., 1 Bl. 8º [Dst 09
[Ersch. auch in: Dinglers Polytechn. Journal.   Bd 324, 1909.]

979 Kröner, Hermann: Zur Kritik der Turbinen-Regulatoren.   Kirchheim-Teck 1910: C. Riethmüller.   1 Bl., 75 S.   4º   [K 09

980 Mader, Otto: Der Resonanz-Undograph.   Ein Mittel zur Messung des Un-gleichförmigkeitsgrades Berlin: Dietze 1909.   1 Bl., 20 S.   4º (8º)   [M 09
[Ersch. auch in: Dinglers Polytechn. Journal.   Bd 324, 1909.]

981 Tückermann, Ernst: Regelungen von Zweitakt - Gross - Gasmaschinen.   Berlin (1910): Imberg & Lefson.   48 S.   8º   [Be 09
(Ersch. auch in: Zeitschrift f. Elektrotechnik u. Maschinenbau. Jg. [27], 1910.)

982 Utard, A[nton]: Die bei der Turbinenregulierung auftretenden sekundären Erscheinungen, bedingt durch die Massenträgheit des zufließenden Arbeits-wassers.   Berlin: Dietze 1909.   VIII, 93 S., 1 Bl.   4º (8º)   [Dst 09
[Ersch. auch in: Dinglers Polytechn. Journal.   Bd 324, 1909.]

983 Zahn, Walter: Zur Theorie der Bandagen-Schwungräder.   Berlin 1909: Simion.   41 S.   4º (8º)   [A 09
[Ersch. auch in: Verhandlungen d. Vereins z. Beförderung d. Gewerbfleisses. Jg. 87, 1908.]

984 Döhne, Ferdinand: Über Druckwechsel und Stösse bei Maschinen mit Kurbeltrieb. Berlin 1911: (A. W. Schade).   40 S., 4 Taf.   4º   [H 10

985 Haake, Heinrich: Der Reguliervorgang beim direkt gesteuerten hydro-statischen Turbinenregulator mit nachgiebiger Rückführung ⟨Isodrom-regulator⟩.   Berlin: Dietze 1910.   2 Bl., 49 S., 1 Bl.   8º   [Dst 10
(Ersch. auch in: Dinglers Polytechn. Journal.   [Bd 325] 1910.)

986 Mangold, Georg: Die Regulierfähigkeit der Dampfturbinen bei stoßfreiem Eintritt.   München 1911: Oldenbourg.   80 S., 1 Bl.   8º   [Dz 10
(Im Ausz. in: Zeitschrift f. d. gesamte Turbinenwesen.   Jg. [8], 1911.)

987 Thoma, Dieter: Beiträge zur Theorie des Wasserschlosses bei selbsttätig ge-regelten Turbinenanlagen. München 1910: Oldenbourg. 1 Bl., 60 S. 8º [M 10
[Im Buchh. ebd.]
[Ersch. auch in: Zeitschrift f. d. gesamte Turbinenwesen.   Jg. 7, 1910.]

Vgl. auch: 19, 22, 24, 25, 943, 1057, 1065.

II. Wasserkraftmaschinen.

988 Heidebroek, Enno: Vergleichende Untersuchungen über die hydraulischen Eigenschaften der Überdruckturbinen. Stuttgart [1902]: Union. 16 S. 4⁰ [H 01
[Ersch. auch in: Dinglers Polytechn. Journal. Bd 317, 1902.]

989 Camerer, Rudolf: Neue Diagramme zur Turbinentheorie. Berlin: Dietze [1902]. 30 S. 8⁰ [Dst 02
[Ersch. auch in: Dinglers Polytechn. Journal. Bd 317, 1902.]

990 Oesterlin, Hermann: Untersuchungen über den Energieverlust des Wassers in Turbinenkanälen. Berlin: (Springer) 1903. 75 S., 5 Taf. 8⁰ [K 03
[Im Buchh. ebd.]

991 Proell, Reinhold: Über den hydraulischen Wirkungsgrad von Turbinen bei ihrer Verwendung als Kraftmaschinen und Pumpen. Berlin 1903. 28 S., 3 Taf. 8⁰ [Dr 03
[Im Buchh. b. Springer, Berlin 1904.]

992 Dolder, E[ugen]: Über Zustandsverhältnisse strömender Flüssigkeiten u. deren Wirkungsweise in Turbinenrädern. Zürich [1907]: Frey. 49 S., 2 Taf. 8⁰ [M 07
(Im Buchh. b. Rascher & Cie., Zürich.]

993 Oesterlen, Fritz: Beitrag zur Theorie der Francis-Turbinen. Mit Versuchen an einer 300pferdigen Turbine. Berlin: Springer 1908. IV, 106 S., 19 Taf. 8⁰ [S 07

994 Schuster, Paul: Experimentelle Untersuchung der Strömungsvorgänge in einer Schnellläufer-Francis-Turbine, unter Anwendung einer neuen Methode zur Bestimmung von Stromrichtungen mit Pitotröhren. Berlin 1909: (A. W. Schade). 74 S. 4⁰ (8⁰) [Dr 08
[Ersch. auch als: Mitteilungen über Forschungsarbeiten auf d. Gebiete d. Ingenieurwesens. H. 82.]

995 Ellon, Kurt: Versuche zur Bestimmung der Strömung im Laufrad und Saugrohr einer Francis-Schnellläuferturbine. Berlin 1910: (A. W. Schade). 35 S. 4⁰ (8⁰) [Be 09
[Ersch. auch in: Mitteilungen über Forschungsarbeiten auf d. Gebiete d. Ingenieurwesens. H. 102.]

996 Jaeger, Hans: Über Messungen an Turbinenkanälen. München 1909: Oldenbourg. 42 S., 1 Bl. 4⁰ [Dst 09
[Ersch. auch in: Zeitschrift f. d. gesamte Turbinenwesen. Jg. 6, 1909.]

III. Wärmekraftmaschinen.

997 Büchner, Karl: Zur Frage der Lavalschen Turbinendüsen. Berlin 1904: A. W. Schade. 1 Bl., 54 S. 4⁰ (8⁰) [Dr 03
[Ersch. auch in: Mitteilungen über Forschungsarbeiten auf d. Gebiete d. Ingenieurwesens. H. 18.]

998 Herberg, Georg: Untersuchungen über die Exponenten der Ausdehnungslinie im Gasmotorendiagramme hinsichtlich ihrer Grösse und Veränderungen. Aus dem Maschinenlaboratorium B der Kgl. Sächs. Technischen Hochschule zu Dresden. Dresden 1903: (Gust. Schenk). 40 S. 4⁰
. Aus: Die Gasmotorentechnik. [Jg. 3, 1903/04.] [Dr 03

999　Klemperer, Herbert: Versuche über den ökonomischen Einfluß der Kompression bei Dampfmaschinen. ⟨Mitteilungen aus dem Maschinenlaboratorium B der Technischen Hochschule zu Dresden.⟩ Berlin 1904: A. W. Schade. 46 S. 4⁰ (8⁰)　　　　　[Dr 03

[Ersch. auch in: Mitteilungen über Forschungsarbeiten auf d. Gebiete d. Ingenieurwesens. H. 24.]

1000　Gesell, Walter Carl: Die Leerlaufarbeit der Dampfmaschine. ⟨Mitteilung aus dem Maschinenlaboratorium A der Technischen Hochschule in Dresden⟩. Pforzheim 1904: Birkner & Brecht. 74 S. 4⁰　　　　　[Dr 04

1001　Recke, Oskar: Druck- und Geschwindigkeitsverhältnisse des Dampfes in Freistrahl-Grenzturbinen. Rheydt 1904. Als Manuskr. gedr. 27 S. 4⁰ [Dst 05

[Ersch. auch in: Zeitschrift f. d. gesamte Turbinenwesen. Jg 3, 1906.]

1002　Rötscher, Felix: Versuche an einer 2000 pferdigen Riedler-Stumpf-Dampfturbine. Berlin 1906: (A. W. Schade). 59 S. 4⁰ (8⁰).　　　　　[Be 05

[Ersch. auch als: Mitteilungen über Forschungsarbeiten auf d. Gebiete d. Ingenieurwesens. H. 50.]

1003　Rummel, K[urt]: Der Einfluß der Vergaserdüse auf das Mischungsverhältnis bei Motoren für flüssige Brennstoffe ⟨speziell für Automobilmotoren⟩. Berlin 1906: Siegfr. Scholem, Berlin-Schöneberg. 32 S. 4⁰ [A 06

[Ersch. auch in: Der Motorwagen. Jg 9, 1906.]

1004　Weidmann, Carl: Über eine zwangläufige Verbrennung bei Verbrennungsmaschinen. Aachen: (Springer, Berlin) 1906. 96 S., 4 Taf. 8⁰　[A 06

[Im Buchh. ebd. in erweit. Form u. d. T.: Zwangläufige Regelung der Verbrennung bei Verbrennungsmaschinen.]

1005　Borth, Walther: Untersuchungen über den Verbrennungsvorgang in einem Körting-Leuchtgas-Motor. Berlin 1907: (A. W. Schade). 47 S. 4⁰ (8⁰) [Dz 07

[Ersch. auch in: Mitteilungen über Forschungsarbeiten auf d. Gebiete d. Ingenieurwesens. H. 55.]

1006　Kusch, Max: Die Betriebssicherheit und Wirtschaftlichkeit von kleineren Heißdampflokomobilen, Sauggasanlagen und Dieselmotoren. Berlin 1907: (Simion). 1 Bl., 50 S. 4⁰　　　　　[Be 07

[Ersch. auch in: Verhandlungen d. Vereins z. Beförderung d. Gewerbfleißes. Jg. 86, 1907.]

1007　Rieppel, Paul: Versuche über die Verwendung von Teerölen zum Betrieb des Dieselmotors. Berlin 1907: (A. W. Schade). 37 S. 4⁰ (8)　[Be 07

[Ersch. auch in: Mitteilungen über Forschungsarbeiten auf d. Gebiete d. Ingenieurwesens. H. 55.]

1008　Wach, Hans: Über den Wärmedurchgang durch die Zylinderwandungen einer Gasmaschine. Zürich 1908: J. Leemann. 50 S., 3 Taf. 8⁰ [H 07

1009　Briling, Nikolai: Verluste in den Schaufeln von Freistrahldampfturbinen. Berlin 1908: (A. W. Schade). 80 S. 4⁰ (8⁰)　　　　　[Dr 08

[Ersch. auch als: Mitteilungen über Forschungsarbeiten auf d. Gebiete d. Ingenieurwesens. H. 68.]

1010　Deinlein, Wilhelm: Beiträge zur Dampfturbinentheorie. München 1909: Oldenbourg. VIII, 106 S. 8⁰　　　　　[M 08

[Im Buchh. ebd. u. d. T.: Zur Dampfturbinentheorie. Verfahren zur Berechnung vielstufiger Dampfturbinen.]

1011 Gramberg, Anton: Über das Verhalten einer Rateau-Dampfturbine unter wechselnden Betriebsbedingungen. Berlin 1908: (A. W. Schade). 43 S. 4⁰(8⁰) [Dst 08
[Ersch. auch in: Mitteilungen über Forschungsarbeiten auf d. Gebiete d. Ingenieurwesens. H. 76.]

1012 Jasinsky, Wsewolod: Ventilationsverlust in Dampfturbinen mit teilweiser Beaufschlagung. Berlin 1908: (A. W. Schade). 64 S. 4⁰(8⁰) [Dr 08
[Ersch. auch als: Mitteilungen über Forschungsarbeiten auf d. Gebiete d. Ingenieurwesens. H. 67.]

1013 Neumann, Kurt: Untersuchung des Arbeitsprozesses im Fahrzeugmotor. Berlin 1908: (A. W. Schade). 53 S. 4⁰(8⁰) [Dr 08
[Ersch. auch als: Mitteilungen über Forschungsarbeiten auf d. Gebiete d. des Ingenieurwesens. H. 79]

1014 Wenger, A[lbert]: Bestimmung des Maximalwertes des thermo-dynamischen Wirkungsgrades und der günstigsten Stufenzahl bei Dampfturbinen. Berlin: Springer 1908. 1 Bl., 84 S., 2 Taf. 8⁰ [Be 08

1015 Doblhoff, Walther Freiherr von: Untersuchung von Automobilkühlern. Berlin 1910: (A. W. Schade). 68 S. 4⁰(8⁰) [Dr 09
[Ersch. auch als: Mitteilungen über Forschungsarbeiten auf d. Gebiete d. Ingenieurwesens. H. 93.]

1016 Hanszel, Hubert: Versuche an einer Dreifach-Expansions-Dampfmaschine. Beitrag zur Frage der Heizung der Dampfmaschine. Berlin 1910: (A. W. Schade). 82 S., 1 Tab. 4⁰(8⁰) [Be 09
[Ersch. auch als: Mitteilungen über Forschungsarbeiten auf d. Gebiete d. des Ingenieurwesens. H. 101.]

1017 Schmidt, Karl: Die Berechnung der Luftpumpen für Oberflächenkondensationen unter besonderer Berücksichtigung der Turbinenkondensationen. Berlin: Springer 1909. 1 Bl., 148 S. 8⁰ [Brn 09

1018 Loschge, August: Neue Beiträge zur Dampfturbinentheorie. München 1910: Oldenbourg. 54 S. 4⁰ [M 10
[Ersch. auch in: Zeitschrift f. d. gesamte Turbinenwesen. Jg. 8, 1911.]

1019 Schneider, Ludwig: Über die Verwertung des Zwischendampfes und des Abdampfes der Dampfmaschinen zu Heizzwecken. Eine wirtschaftliche Studie. Mit 85 in d. Text gedruckten Fig. und einer Taf. Berlin: Springer 1910. VI, 98 S., 1 Taf. 8⁰ [M 10
[Ersch. ebd. in 2., bedeutend erweit. Aufl. u. d. T.: Die Abwärmeverwertung im Kraftmaschinenbetrieb mit besonderer Berücksichtigung der Zwischen- und Abdampfverwertung zu Heizzwecken. Eine kraft- u. wärmewirtschaftl. Studie. 1912.]

1020 Voissel, Peter: Resonanzerscheinungen in der Saugleitung von Kompressoren und Gasmotoren. Berlin 1910: (A. W. Schade). 57 S., 6 Taf. 4⁰(8⁰) [A 10
[Ersch. auch in: Mitteilungen über Forschungsarbeiten auf d. Gebiete d. Ingenieurwesens. H. 106.]

1021 Watzinger, A[dolf]: Über den praktischen Wert der Zwischenüberhitzung bei Zweifachexpansions-Dampfmaschinen. Berlin 1910: (A. W. Schade). 79 S. 4⁰(8⁰) [Dst 10
[Ersch. auch als: Mitteilungen über Forschungsarbeiten auf d. Gebiete d. Ingenieurwesens. H. 92.]

Vgl. auch: 62, 958.

c) Arbeitsmaschinen.

I. Werkzeugmaschinen.

1022 Werner, Siegfried G.: Kurvenführungen im Werkzeugmaschinenbau. Berlin 1905: Simion. 1 Bl., 35 S. 4⁰   [Be 04
[Ersch. auch in: Verhandlungen des Vereins z. Beförderung d. Gewerbfleißes. Jg. 84, 1905.]

1023 Adler, Franz: Die Umlaufszahlenreihen bei Werkzeugmaschinen. Berlin 1907: (A. W. Schade). 33 S. 4⁰   [H 07
[Ersch. auch in: Zeitschrift d. Vereines deutscher Ingenieure. Bd 51, 1907.]

1024 Finkelstein, Alfons: Prüfung der Arbeitsgenauigkeit von Werkzeugmaschinen. Berlin: Springer [1911]. 35 S. 4⁰(8⁰)   [Be 10
[Ersch. auch in: Werkstattstechnik. Jg. 4 u. 5, 1910 u. 1911.].

1025 Pockrandt, Willy: Versuche zur Ermittelung der günstgsten [!] Arbeitsweise der Rundschleifmaschine. Berlin 1910: A. W. Schade. 65 S. 4⁰ (8⁰)   [Be 10
[Ersch. auch als: Mitteilungen über Forschungsarbeiten auf d. Gebiete d. Ingenieurwesens. H. 105.]

II. Hebe- und Fördermaschinen.

1026 Jordan, Franz: Die Verwendung von Druckluft bei elektrisch betriebenen Hebezeugen. (Berlin) 1903: (Nauck). 24 S., 2 Taf. 8⁰   [Be 03
[Ersch. auch in: Dinglers Polytechn. Journal. Bd 318, 1903.]

1027 Schürmann, Eugen: Über Schwerlast-Drehkrane im Werft- und Hafenverkehr. München 1904: Oldenbourg. VI, 79 S., 12 Taf. 8⁰   [Be 04
[Im Buchh. ebd.]

1028 Stahl, Hugo: Untersuchung des Auslaufweges elektrischer Aufzüge. Berlin 1904: A. W. Schade. 46 S. 4⁰(8⁰)   [S 04
[Ersch. auch in: Mitteilungen über Forschungsarbeiten auf d. Gebiete d. Ingenieurwesens. H. 20.]

1029 Pfleiderer, Carl: Dynamische Vorgänge beim Anlauf von Maschinen mit besonderer Berücksichtigung von Hebemaschinen. Stuttgart: K. Wittwer 1906. IV, 84 S. 8⁰   [S 06

1030 Purper, Emil: Der Einfluß der verschiedenen Stützkonstruktion bei Turm-Drehkranen. Berlin 1908: (E. Ebering). 52 S., 2 Taf. 8⁰ [Be 08

1031 Ruths, Johannes: Versuche zur Bestimmung der Widerstände von Förderanlagen. Berlin 1909: (A. W. Schade). 37 S., 4 Tab. 4⁰(8⁰) [H 08
[Ersch. auch in: Mitteilungen über Forschungsarbeiten auf d. Gebiete d. Ingenieurwesens. H. 85.]

1032 Pape, Martin: Über Fahrwiderstände an Laufkranen. Berlin: Dietze 1910. 64 S., 1 Bl. 8⁰   [H 09
[Ersch. auch in: Dinglers Polytechn. Journal. Bd 325, 1910.]

1033 Chrzanowski, Wieslaw von: Geschwindigkeitsregelung der Dampffördermaschinen. Dülmen i. W. [1910]: J. Horstmann. 57 S. 4⁰ [Be 10

1034 Glinz, K[arl]: Aufgaben und Lösungen auf dem Gebiete der maschinellen Fortbewegung und Lagerung im Grubenbetriebe gewonnener Massengüter, insbesondere Eisenerz und Kohle, auf Tagesanlagen und deren Ausbildung hierfür. Saarbrücken 1909: (A. Bagel, Düsseldorf). 32 S., 2 Taf. 4⁰   [A 10
[Im Ausz. in: Stahl und Eisen. Jg. 30, 1910.]

1035 Heumann, Hermann: Das Windwerk von Hochbahnkranen mit fest-
stehender Winde, wagerechter oder schwachgeneigter Fahrbahn und
nicht selbstfüllenden Fördergefäßen. Metz 1910: (Nauck, Berlin). 142 S.,
1 Bl., 9 Taf. 8⁰ [Dz 10

Vgl. auch: 21, 952, 1086, 1096, 1253, 1260.

III. Pumpen, Gebläse und Kompressoren.

1036 Förster, Ernst: Vergleichende Untersuchungen an Kreiselpumpen. Breslau
1905: Graß, Barth & Comp. 57 S., 9 Taf. 8⁰ [Dr 05
1037 Blaess, Viktor: Über Zentrifugalpumpen und Ventilatoren. München
1907: Oldenbourg. 30 S. 4⁰ [Dst 07
[Ersch. auch in: Zeitschrift f. d. gesamte Turbinenwesen. Jg. 4, 1907.]
1038 Grun, W[illibald]: Beiträge zur Theorie und Konstruktion der Leit- und
Laufvorrichtungen für Turbo-Pumpen, insbesondere für Turbo-Gebläse
und -Kompressoren. (Berlin) [1907]: (A. W. Schade.) 22 S. 4⁰ [H 07
1039 Heilemann, Walter: Beitrag zur Kenntnis des Wirkungsgrades trockener
Luftkompressoren. Berlin 1908: (A. W. Schade). 81 S. 4⁰(8⁰) [Dr 07
[Ersch. auch als: Mitteilungen über Forschungsarbeiten auf d. Gebiete d.
Ingenieurwesens. H. 58]
1040 Schrauff, Georg: Untersuchungen über den Arbeitsvorgang im Injektor.
Berlin 1908: (A. W. Schade). 56 S. 4⁰(8⁰) [Dr 08
[Ersch. auch als: Mitteilungen über Forschungsarbeiten auf d. Gebiete d.
Ingenieurwesens. H. 77.]
1041 Riebensahm, Paul: Über die Ausbildung der Laufräder schnellaufender
Niederdruck-Zentrifugalpumpen. München 1909: Oldenbourg. 19 S. 4⁰ [Be 09
[Im Buchh. ebd.]
[Ersch. auch in: Zeitschrift f. d. gesamte Turbinenwesen. Jg. 6, 1909.]

Vgl. auch: 59, 991, 1020.

IV. Verschiedene.

1042 Döderlein, Gustav: Prüfung und Berechnung ausgeführter Ammoniak-
Kompressions-Kältemaschinen an Hand des Indikator-Diagramms. München 1903: Oldenbourg. 113 S. 8⁰ [M 02
[Im Buchh. ebd.]
[Ersch. auch in: Zeitschrift f. d. gesamte Kälte-Industrie. Jg. 10, 1903.]
1043 Nachtweh, Alwin: Beiträge zur Theorie und Beurteilung der Mähe-
maschinen. Merseburg 1903: Fr. Stollberg. 47 S., 6 Taf. 8⁰ [Brn 03
[Im Buchh. b. Parey, Berlin 1904.]
(Ersch. auch in erweit. Form in: Landwirtschaftliche Jahrbücher. Bd 32
[1903].)
1044 Heinel, C[arl]: Zahlenstoff und Winke für Bau und Betrieb von Kältemaschi-
nenanlagen. München 1907: Oldenbourg. XIV, 190 S., 19 Taf. 8⁰ [Be 06
[Ersch. in erweit. Form als: Oldenbourgs Techn. Handbibliothek. Bd 8.]
1045 König, August: Arbeitsdiagramme von Flachformmaschinen. Berlin: Dietze
1906. 48 S., 2 Bl. 4⁰ [Dst 06
[Ersch. auch in: Dinglers Polytechn. Journal. Bd 321, 1906.]

1046　Möller, Paul: Untersuchungen an Drucklufthämmern. Berlin 1906: (A.
W. Schade). 33 S. 4⁰(8⁰)　　　　　　　　　　　　　　　[Be 06
[Ersch. auch in: Mitteilungen über Forschungsarbeiten auf d. Gebiete d.
Ingenieurwesens. H. 37.]

1047　Stenzel, Georg: Die Fingerschutzvorrichtungen für Tiegeldruckpressen.
Hamburg 1906: Hartung. 138 S., 1 Bl. 8⁰　　　　　　　　[Brn 06

1048　Dörffel, Ernst: Untersuchung an einer Kompressions-Kältemaschine an
Hand der Messung der umlaufenden Ammoniakmengen. München 1908:
Oldenbourg. 24 S. 4⁰　　　　　　　　　　　　　　　　[Dr 07
[Ersch. auch in: Zeitschrift f. d. gesamte Kälte-Industrie. Jg. 15, 1908.]

1049　Dreyer, H[einrich]: Die Berechnung des Arbeitsverbrauches der Gries-
mühlen ⟨Rohrmühlen⟩ bei Trockenmahlung. Berlin: Dietze 1908.
24 S. 4⁰　　　　　　　　　　　　　　　　　　　　　[H 08
[Ersch. auch in: Dinglers Polytechn. Journ. Bd 323, 1908.]

1050　Jastrow, F[ritz]: Maschinelle Abwasserreiniger. Berlin 1908: Jul. Sittenfeld. 63 S. 8⁰　　　　　　　　　　　　　　　　　　[Be 08
[Im Buchh. b. C. Heymann, Berlin.)

1051　Vormfelde, Karl: Über Milchschleudern, insbesondere über die Lagerung
ihrer Trommeln. Merseburg 1908: Fr. Stollberg. 1 Bl., 50 S. 8⁰ [H 08
[Ersch. auch in: Landwirtschaftl. Jahrbücher. Bd 38, 1909.]

1052　Puppe, J[ohann]: Über Versuche zur Ermittlung des Kraftbedarfs an
Walzenstraßen. Berlin 1909: (A. Bagel, Düsseldorf). 191 S., 11 Taf. 4⁰ [Be 09
[Im Buchh. im Verlag Stahleisen, Düsseldorf.]

1053　ter Meer, Gustav: Selbsttätig wirkende Schleudermaschine zur Trocknung
der Rückstände städtischer Kanalisationswässer. Hannover 1910: Gebr.
Jänecke. 48 S., 3 Tab. 4⁰　　　　　　　　　　　　　[H 09

Vgl. auch: 54, 749, 756, 1263.

15. Schiffbau.　Schiffsmaschinenbau.

1054　Schultz, Clarence B.: Über die Vergrößerung der Handelsdampfer mit
Rücksicht auf ihre Rentabilität. Berlin 1903: M. Driesner. 111 S. 8⁰ [Be 03

1055　Foerster, Ernst: Die Bedeutung der flüssigen Feuerung für Konstruktion,
Betrieb und Rentabilität eines transatlantischen Schnelldampfers. Berlin:
Schiffbau 1907. 23 S., 3 Taf. 4⁰　　　　　　　　　　[Be 07
[Ersch. auch in: Schiffbau. Jg. 9, 1907/08.]

1056　Matthaei, Wilhelm O.: Kritische Beleuchtung der Yachtmeßverfahren.
Magdeburg 1907: R. Zacharias. 91 S. 1 Taf. 8⁰　　　[Be 07

1057　Pröll, Arthur: Kraft- u. Festigkeitsverhältnisse bei Schiffsmaschinen-
Steuerungen. Berlin 1906. 1 Bl., 16 S. 4⁰　　　　　　[Be 07
[Ersch. auch in: Schiffbau. Jg. 7, 1905/06.]

1058　Thele, Walter: Vibrationserscheinungen neuerer Schnelldampfer. Berlin
1907. 16 S. 4⁰　　　　　　　　　　　　　　　　　[Be 07
[Im Ausz. in: Zeitschrift d. Vereines deutscher Ingenieure. Bd 51, 1907.]

1059　Stauch, Adolf: Über den elektrischen Antrieb des Schiffssteuers. Berlin:
Schiffbau 1908. 35 S. 4⁰　　　　　　　　　　　　　[Be 08
(Aus: Schiffbau. Jg. 9 u. 10 [1907/08 u. 1908/09]).

1060　Jahn, Johannes: Ventilsteuerungen für Schiffsmaschinen. o. O. u. J.
29 S. 4⁰　　　　　　　　　　　　　　　　　　　　[Be 09

1061 Linnenbrügge, Hans: Über eine neue graphische Methode zur Untersuchung der Schiffsschaufelräder. (Sondershausen [1909]: Fr. Aug.
Eupel.) 35 S., 20 Taf. 8⁰   [Be 09

1062 Moll, Friedrich: Untersuchung über die Ursachen des Unterganges der
verschollenen Fischdampfer. (Berlin: Carl Marfels [1910]). 16 S. 4⁰ [Be 09
(Ersch. auch in: Schiffbau. Jg. 11 [1909/10].)

1063 Praetorius, Paul: Die fortlaufende indikatorische Untersuchung von
Rudermaschinen während der Rudermanöver. Eine Methode zur Fest-
stellung der bei dem Manövrieren von Schraubenschiffen erzeugten
Rudermomente bezw. Ruderdrücke. o. O. 1909. 25 S., 3 Taf. 4⁰   [Be 09
(Teilabdr. in: Schiffbau. [Jg. 8, 1906/07.])

1064 Siemann, Richard: Elastische Formänderung des Schiffskörpers. o. O.
[1909]. 16 S., 2 Bl. Taf. 4⁰   [Be 09
(Ersch. auch in: Schiffbau. Jg. 11 [1909/10].)

1065 Helling, Hermann: Die Lentz-Steuerung an Schraubenschiffsmaschinen.
Berlin 1911: Simion. 45 S. 4⁰   [Dz 10
(Ersch. auch in: Verhandlungen d. Vereins z. Beförderung d. Gewerb-
fleisses. [Jg. 89 u. 90,] 1910 u. 1911.)

1066 Horn, Fritz: Die dynamischen Wirkungen der Wellenbewegung auf die
Längsbeanspruchung des Schiffskörpers. Berlin 1910: (A. W. Schade).
118 S., 3 Taf. 4⁰(8⁰)   [Be 10
[Im Buchh. b. Springer, Berlin.]

1067 Schmidt, Rudolf: Verwendung des Heissdampfes in für Sattdampf ge-
bauten Schiffsmaschinen. o. O. [1910]. 29 S. 4⁰   [Be 10

1068 Schoeneich, Hugo: Die Beanspruchungen des Rudergeschirrs auf See-
schiffen. Berlin 1910: Germania. 49 S. 4⁰   [Be 10

Vgl. auch: 33, 35, 878, 951, 1078, 1253, 1267.

16. Elektrotechnik.

a) Theoretische und experimentelle Untersuchungen allgemeinen
und verschiedenen Inhalts.

1069 Beckmann, Erich: Untersuchungen über Wirbelstrombremsen. (Halle
a. S. [1903]: Kreibohm.) 39 S. 4⁰   [H 02

1070 Kahn, Max: Der Übergangswiderstand von Kohlenbürsten. Stuttgart
1902: Union. 2 Bl., 57 S. 8⁰   [K 02
[Ersch. auch als: Sammlung Elektrotechn. Vorträge. Bd 3, H. 12.]

1071 Schüppel, Wilhelm: Über den Einfluss der Beschaffenheit der Ober-
fläche von elektrischen Maschinen und der Tourenzahl auf die Erwärmung. Hannover 1902: Wilh. Riemschneider. 32 S. 8⁰   [H 02

1072 Herzfeld, Beni: Über die Abhängigkeit des Hysteresisverlustes im Eisen
von der Feldwechselzahl. Mühlhausen i. E. 1903: J. Brinkmann. 69 S.,
7 Taf. 8⁰   [Dst 03

1073 Hinden, Heinrich: Über deformierte Wechselströme mit besonderer Berücksichtigung eisengeschlossener Apparate. Stuttgart 1903: Union. IV,
54 S. 8⁰   [Dst 03
[Ersch. auch als: Sammlung Elektrotechn. Vorträge. Bd 4, H. 11/12.]

1074 Ottenstein, Simon: Das Nutenfeld in Zahnarmaturen und die Wirbelstromverluste in massiven Armatur-Kupferleitern. Stuttgart 1903: Union. 3 Bl., 48 S. 8⁰   [K 03
{Ersch. auch als: Sammlung Elektrotechn. Vorträge. Bd 5, H. 5.]

1075 Railing, Adolf: Über Kommutierungsvorgänge und zusätzliche Bürstenverluste. Stuttgart 1903: Union. 58 S. 8⁰   [M 03
[Ersch. auch als: Sammlung Elektrotechn. Vorträge. Bd 4, H. 8.]

1076 Rossem N̲z̲, A[driaan] C. van: Die Aufnahme von Kommutatordiagrammen. Halle a. S. 1903: Knapp. 31 S. 8⁰   [Dst 03
[Im Buchh. ebd. 1904.]

1077 Spielmann, F[riedrich]: Die Stromverteilung in Kurzschlußwickelungen. Berlin 1903: G. Schade. 24 S. 4⁰   [A 03

1078 Arldt, Conrad: Über die bei elektrischen Anlagen an Bord von Schiffen zu verwendende Stromart. Berlin 1904. 1 Bl., 31 S. 4⁰   [Be 04
[Ersch. auch in: Schiffbau. Jg. 5, 1903/1904.]

1079 Neugebohrn, Karl: Untersuchungen über die Änderung des Selbstinduktionskoeffizienten im Magnetfelde. Braunschweig 1904: Vieweg. 20 S., 3 Taf. 4⁰   [Brn 04

1080 Wecken, Wilhelm: Vergleichende Untersuchungen über lineare u. drehende magnetische Hysteresis. Berlin 1905: A. W. Schade. 64 S. 8⁰   [Brn 04

1081 Bauwens, F[ranz]: Die Winkel-Verschiebung der magnetischen Axe im stromlosen Anker bei Rotation. Aachen 1904: Herm. Kaatzer. 21 S., 9 Bl. Taf. 4⁰   [A 05

1082 Hilpert, Georg: Über die Trägheit der von elektrischer Energie beeinflußten Massen und ihre einfache Ermittlung auf graphischem Wege. München 1905: Oldenbourg. 17 S., 9 Taf. 4⁰   [Be 05
[Ersch. auch in: Elektr. Bahnen u. Betriebe. Jg. 4, 1906.]

1083 Jakob, Max: Technisch-physikalische Untersuchungen von Aluminium-Elektrolyt-Zellen. Mit 32 Abb. u. 31 in d. Text gedr. Taf. Stuttgart 1906: Union. IV, 131 S. 8⁰   [M 05
[Ersch. auch als: Sammlung Elektrotechn. Vorträge. Bd 9, H. 1—3.]

1084 Brandes, Friedrich: Untersuchungen über Weicheiseninstrumente insbesondere über den Einfluss der Hysteresis und der Wirbelströme. Berlin 1906: H. S. Hermann. 55 S. 8⁰   [H 06

1085 Waldmann, Karl: Beiträge zum Kommutierungsproblem. Mit 13 Figurenblättern. Berlin: G. Schade 1907. 54 S., 13 Taf. 8⁰   [M 06

1086 Becker, Leonhard: Betrachtungen über die Verluste bei Ilgner-Förderanlagen und Bestimmung der wirtschaftlichsten Schlüpfung ihrer Anlaßmotoren. München 1907: Oldenbourg. 30 S. 4⁰   [Be 07
[Ersch. auch in: Elektrische Kraftbetriebe und Bahnen. Jg. 5, 1907.]

1087 Grabe, W[alter]: Über die Energie-Änderungen und deren Zusammenhang mit den Änderungen der Lichtstärke bei Nebenschluß-Bogenlampen für Gleichstrom. Hannover 1908: Göhmann. 78 S., 28 Taf. 4⁰   [H 07

1088 Niebuhr, Herman: Experimentaluntersuchungen über die Selbstinduktion in Nuten gebetteter Spulen bei hoher Frequenz. Berlin: Springer 1907. 59 S. 8⁰   [K 07

1089 Petersen, Waldemar: Eine neue Spannungsregelung. Mitteilung der Arbeitsweise. Theorie des Reguliervorganges. Stuttgart 1907: Union. 48 S. 8⁰   [Dst 07
[Im Buchh. b. F. Enke, Stuttgart.]

1090 Schwaiger, A[nton]: Über das Regulierproblem in. der Elektrotechnik. Leipzig 1908: Teubner. 2 Bl., 98 S. 8⁰ [M 07
[Im Buchh. ebd. 1909.]

1091 Siebert, Wilhelm: Wirbelströme in massiven Polschuhen. Hildesheim 1908: Aug. Lax. 70 S., 11 Taf. 8⁰ [Brn 07

1092 Bartz, Karl: Untersuchungen über die Kraftlinienstreuung von Spulen. Köln [1908]: Kölner Verlags-Anstalt u. Druckerei. 93 S., 14 Taf. 4⁰ [A 08

1093 Kühle, J[osef]: Über die Fortpflanzungsgeschwindigkeit des Magnetismus in lokal erregten Eisenstäben und die Frage der magnetischen Viskosität oder Trägheit. Berlin 1908: (A. W. Schade). 48 S. 4⁰ [A 08

1094 Liska, J[osef]: Die Reibung von Dynamobürsten. Berlin: Springer 1908. 38 S. 8⁰ [K 08

1095 Schimrigk, F[riedrich]: Die Wendepolstreuung und ihre Berechnung auf Grund experimenteller Untersuchung. Berlin: Springer 1909. 41 S. 8⁰ [K 08

1096 Adam, Otto: Rotierende Anker in rotierenden materiellen Polsystemen. Dresden 1909: Hellmuth Obst. 1 Bl., 74 S. 8⁰ [H 09

1097 Hinlein, Erwin: Ein Beitrag zur Frage der Erwärmung der elektrischen Maschinen. Nürnberg 1909: J. L. Stich. 1 Bl., 73 S. 4⁰ (8⁰) [M 09
[Ersch. auch in: Mitteilungen über Forschungsarbeiten auf d. Gebiete d. Ingenieurwesens. H. 98 u. 99.]

1098 Jordan, Friedrich: Experimentelle Untersuchung der Kommutation mit besonderer Berücksichtigung der Änderung der Übergangsspannung und der Verteilung des Energieverlustes zwischen Kommutator und Bürste. Berlin: Springer 1909. 66 S., 1 Bl. 8⁰ [K 09
[Ersch. auch in: Arbeiten aus d. elektrotechn. Institut d. grossherzogl. techn. Hochschule Fridericiana in Karlsruhe. Bd 1, 1909.]

1099 Philippi, Erich: Über Ausschaltvorgänge und magnetische Funken-löschung. Berlin 1909: Simion. VII, 62 S., 1 Bl. 4⁰ [Dz 09
[Im Buchh. ebd. 1910.]
(Ersch. auch in: Verhandlungen d. Vereins zur Beförderung d. Gewerb-fleisses. [Jg. 88] 1909.)

1100 Binder, Ludwig: Über äußere Wärmeleitung und Erwärmung elektrischer Maschinen. Halle a. S.: Knapp 1911. IV, 1 Bl., 112 S. 8⁰ [M 10
[Im Buchh. ebd. u. d. T: Über Wärmeübergang auf ruhige oder bewegte Luft sowie Lüftung und Kühlung elektrischer Maschinen.]

1101 Hellmann, Emil: Der magnetische Widerstand von Lufträumen zwischen parallelen quadratischen und rechteckigen Endflächen von Eisenkernen. Aachen: Aachener Verlags- u. Druckerei-Gesellsch. 1910. 35 S. 4⁰ [A 10

1102 Hirschauer, Franz: Die Permeabilität des Eisens bei Magnetisierung durch technische Wechselströme. München 1910: C. Wild. 68 S., 13 Taf. 8⁰ [M 10

1103 Hoerner, Karl: Über den Kraftlinienverlauf im Luftraum und in den Zähnen von Dynamoankern. Berlin: Springer [1910]. 37 S., 3 Taf. 8⁰ [M 10

1104 Noeggerath, Jakob E.: Über die Stromabnahme mit besonderer Berücksichtigung hoher Geschwindigkeiten. München 1911: Oldenbourg. 17 S., 1 Bl. 4⁰ [H 10
[Ersch. auch in: Elektrische Kraftbetriebe u. Bahnen. Jg. 9, 1911.]

1105 Radt, Martin: Die Eisenverluste in elliptischen Drehfeldern. Berlin: Springer 1911. 70 S., 1 Bl. 8⁰ [K 10
(Ersch. auch in gekürzter Form in: Arbeiten aus d. elektrotechn. Institut d. großherzogl. techn. Hochschule Fridericiana in Karlsruhe. Bd. 2, 1910.)

Vgl. auch: 111, 126, 935, 957, 1256.

7

b) Meßkunde.

1106 Möllinger, Julius Adolf: Über Drehstrom-Zähler. [Berlin: Springer] (1900). 19 S. 4°   [Dst 02
(Aus: Elektrotechn. Zeitschrift. [Jg. 21] 1900.)

1107 Hohage, Carl: Über einige Anwendungen des Elektrometers bei Wechselstrommessungen. Stuttgart 1903: Union. 30 S. 8°   [Dst 03
[Ersch. auch als: Sammlung Elektrotechn. Vorträge. Bd 4, H. 7.]

1108 Wagner, Gustav: Stroboskopischer Schlüpfungsmesser für asynchrone Wechsel- und Drehstrommotore. Berlin: Springer 1904. 16 S., 1 Taf. 4° [Be 04
[Im Buchh. ebd. u. d. T.: Ein neuer steoboskopischer Schlüpfungsmesser für asynchrone Wechsel- und Drehstrommotore.)

1109 Morck, E[manuel]: Theorie der Wechselstromzähler nach Ferrarisschem Prinzip und deren Prüfung an ausgeführten Apparaten. Stuttgart 1905: Union. 116 S. 8°   [Be 05
[Ersch. auch als: Sammlung Elektrotechn. Vorträge. Bd 8, H. 8—10.]

1110 Schmiedel, Karl: Reibung von Elektrizitätszählern mit rotierendem Anker und der Einfluß der Reibung auf die Fehlerkurve. Berlin 1911: Simion. 47 S. 4°   [Dr 10
[Ersch. auch in: Verhandlungen d. Vereins z. Beförderung d. Gewerbfleißes. Jg. 89/90, 1910/1911.]

c) Leitungen.

1111 Marguerre, Fritz: Experimentelle Untersuchungen am Polycyklischen Stromverteilungssystem Arnold-Bragstad-la Cour. Stuttgart 1904: Union. 2 Bl., 74 S. 8°   [K 03
[Ersch. auch als: Sammlung Elektrotechn. Vorträge. Bd 5, H. 11/12.]

1112 Geldermann, Arthur: Über eine Methode zur Behandlung unsymmetrischer Kabelsysteme unter Berücksichtigung des konzentrischen mit Bleimantel umpreßten Zwei-Leiter-Kabels als Beispiel. Danzig 1906: Schwital & Rohrbeck. 2 Bl., 56 S. 8°   [Dz 06

1113 Meyer, Georg J.: Beitrag zur Kenntnis der Abschmelz-Sicherungen. Berlin 1906. 44 S., 4 Taf. 8°   [Be 06
[Im Buchh. in erweit. Form u. d. T.: Zur Theorie der Abschmelzsicherungen. München: Oldenbourg 1906.]

1114 Lichtenstein, Leon: Beiträge zur Theorie der Kabel. Untersuchungen über die Kapazitätsverhältnisse der verseilten und konzentrischen Mehrfachkabel. München 1908: Oldenbourg. 40 S. 4°   [Be 07
[Im Buchh. ebd.]

1115 Meyer, F. W[ilhelm]: Berechnung elektrischer Hochspannungsanlagen auf wirtschaftstheoretischen Grundlagen. Berlin: Springer 1907. 1 Bl., 134 S., 1 Bl. 8°   [K 07

1116 David, R[ichard]: Theoretische und experimentelle Untersuchungen über künstliche Hochspannungs-Kabel. Berlin 1910: Simion. 56 S., 1 Bl. 4° [Dz 08
(Im Buchh. ebd.)
(Ersch. auch in: Verhandlungen d. Vereins z. Beförderung d. Gewerbfleißes. Jg. [89] 1910.)

1117 Kühn, Ludwig: Über Spannungsgefahren an geerdeten, eisernen Masten. Erlangen 1910: Junge. 102 S., 1 Bl. 8°   [H 10

1118 **Majerczik, Wilhelm:** Die Berechnung elektrischer Freileitungen nach
wirtschaftlichen Gesichtspunkten. Berlin: Springer [1910]. 59 S. 8⁰ [Be 10

1119 **Weicker, William:** Zur Beurteilung von Hochspannungs-Freileitungs-
Isolatoren nebst einem Beitrag zur Kenntnis von Funkenspannungen.
Berlin 1910: (A. W. Schade). 99 S., 2 Taf. $4^0(8^0)$ [Dr 10
[Ersch auch in: Mitteilungen über Forschungsarbeiten auf d. Gebiete d.
Ingenieurwesens. H. 100.]

Vgl. auch: 112.

d) Generatoren (Dynamomaschinen).

1120 **Gallusser, Hans:** Ein Beitrag zur Vorausberechnung der Kommutations-
verhältnisse bei Gleichstrommaschinen und des Spannungsabfalls bei
Wechselstromgeneratoren. Stuttgart 1902: Union. 1 Bl., 60 S. 8⁰ [K 02
[Ersch. auch als: Sammlung Elektrotechn. Vorträge. Bd 3, H. 10/11.]

1121 **Schenk, Julius:** Festigkeitsberechnung größerer Drehstrommaschinen.
Mit 45 Fig. im Text u. auf e. Doppeltaf. Leipzig 1903: Teubner.
1 Bl., 59 S., 1 Taf. 8⁰   [M 02
[Im Buchh. ebd.]

1122 **Czeija, Karl:** Die experimentelle Untersuchung der Kommutationsvor-
gänge in Gleichstrommaschinen. Mit 31 Abb. Stuttgart 1903: Union.
3 Bl., 76 S. 8⁰   [K 03
[Ersch. auch als: Sammlung Elektrotechn. Vorträge. Bd 5, H. 9/10.]

1123 **Linsenmann, Hans:** Die elastische Linie der Gehäuse von Drehstrom-
maschinen mit großen Durchmessern. Leipzig 1906: Teubner. 32 S. 8⁰ [M 05
[Ersch. auch in: Zeitschrift f. Mathematik u. Physik. Bd 53, 1906.]

1124 **Pohl, Robert:** Über magnetische Wirkungen der Kurzschlußströme in
Gleichstromankern. Stuttgart 1905: Union. 1 Bl., 62 S. 8⁰ [H 05
[Ersch. auch als: Sammlung Elektrotechn. Vorträge. Bd 6, H. 10.]

1125 **Studniarski, Johann von:** Über die Verteilung der magnetischen Kraft-
linien im Anker einer Gleichstrommaschine. Berlin 1905: A. W. Schade.
38 S. $4^0(8^0)$ [H 05
[Ersch. auch in: Mitteilungen über Forschungsarbeiten auf d. Gebiete d.
Ingenieurwesens. H. 34 u. in: Zeitschrift d. Vereines deutscher Ingenieure. Bd 50, 1906.]

1126 **Huldschiner, Gottfried:** Über das Pendeln parallelgeschalteter Dreh-
stromgeneratoren. Stuttgart 1906: Union. 1 Bl., 71 S. 8⁰   [M 06
[Ersch. auch als: Sammlung Elektrotechn. Vorträge. Bd 9, H. 7/8.]

1127 **Rüdenberg, Reinhold:** Energie der Wirbelströme in elektrischen
Bremsen und Dynamomaschinen. Stuttgart 1906: Union. 1 Bl., 102 S. 8⁰ [H 06
[Ersch. auch als: Sammlung Elektrotechn. Vorträge. Bd 10, H. 8—10.]

1128 **Fischer, Kurt:** Untersuchungen über die Pulsationen im Erregerstrom-
kreis von Wechsel- und Drehstrom-Maschinen. Hamburg 1907: Hartung.
30 S., 1 Taf. 8⁰   [Dst 07

1129 **Natalis, Friedrich:** Die selbsttätige Regulierung der elektrischen Gene-
ratoren. Braunschweig 1908: Vieweg. 112 S. 8⁰   [Brn 07
[Ersch. auch als: Elektrotechnik in Einzeldarstellungen. H. 11.]

1130 **Sarfert, W[illiam]:** Über das Schwingen der Wechselstrommaschinen
im Parallelbetrieb. Berlin 1908: (A. W. Schade). 60 S. $4^0(8^0)$ [Dr 07
[Ersch. auch als: Mitteilungen über Forschungsarbeiten auf d. Gebiete d.
Ingenieurwesens. H. 61.]

7*

1131 Wasmus, Adolf: Über Versuche am Peukertschen Hochfrequenzgenerator. Hamburg 1909: Franke & Scheibe. 32 S. 8° [Brn 09

1132 Werner, Ch. A[lbert]: Die mechanische Beanspruchung raschlaufender Magneträder ⟨Turbogeneratoren⟩. Halle a. S.: Knapp 1908. IV S., 1 Bl., 95 S. 8° [A 09

1133 Dexheimer, George: Die Verluste in den Polschuhen von Dynamomaschinen. Berlin 1910: (Walter Grützmacher). 91 S. 8° [K 10

1134 Seidner, Michael: Theorie und Konstruktion der Teillochwicklungen für Mehrphasengeneratoren. Wien: Selbstverlag 1910. 13 S. 4° [Be 10
(Aus: Elektrotechnik und Maschinenbau. Zeitschrift d. Elektrotechn. Vereins in Wien. [Jg. 28] 1910.)

1135 Ugrimoff, Boris von: Die unipolare Gleichstrommaschine. Berlin: Springer 1910. 98 S., 1 Bl. 8° [K 10

1136 Wengner, Max: Theoretische und experimentelle Untersuchungen an der synchronen Einphasen-Maschine. München 1910: Oldenbourg. VI, 88 S., 1 Taf. im Text. 8° [M 10
[Im Buchh. ebd.]

Vgl. auch: 965.

e) Motoren.

1137 Seefehlner, E[gon] E.: Beitrag zur Theorie der Synchron-Motoren und Wechselstromgeneratoren. Wien: Elektrotechn. Verein 1900. 59 S. 8° [Dr 00
(Aus: Zeitschrift f. Elektrotechnik, Organ d. Elektrotechn. Vereins in Wien. [Jg. 18] 1900.)

1138 Bloch, Leopold: Der Einfluß der Kurvenform auf die Wirkungsweise des Synchronmotors. Mit 34 Abb. Stuttgart 1903: Union. 3 Bl., 76 S. 8° [K 03
[Ersch. auch als: Sammlung Elektrotechn. Vorträge. Bd 5, H. 7/8.]

1139 Lieber, Max: Untersuchung des Drehfeldes eines asynchronen Dreiphasen-Motors mit Phasenanker. Berlin 1904: (G. Schade). 40 S., 1 Bl., 15 Taf. 8° [Be 04

1140 Koch, R[ichard] von: Über die Entwicklungsmöglichkeiten des Induktionsmotors für Einphasen-Wechselstrom. Berlin: (Springer) 1905. 2 Bl., 104 S. 8° [Be 05

1141 Brückmann, Alexander: Erwärmung von Motoren bei aussetzendem Betrieb. Berlin: Dietze 1908. 74 S. 8° [H 07
[Ersch. auch in: Dinglers Polytechn. Journal. Bd. 323, 1908.]

1142 Goldschmidt, Rudolf: Die Berechnung des Leerlaufstroms und der Streuung von Asynchronmotoren aus ihren Abmessungen. Manchester 1906: (H. Hohmann, Darmstadt). 47 S., 4 Bl. Taf. 8° [Dst 07

1143 Linker, Arthur: Die historische Entwicklung des Einphasen-Wechselstrommotors. Mit 158 Abb. Berlin: Dietze 1907. 123, IX S., 1 Bl. 8° [K 07
[Im Buchh. ebd. u. d. T.: Der Einphasen-Wechselstrommotor. Bauart, Wirkungsweise und Eigenschaften der bisher angegebenen Konstruktionen.]
[Im Ausz. in: Die elektrotechn. Rundschau. Jg. 24, 1907.]

1144 Meyer-Delius, Heinrich: Beitrag zur Theorie des Mehrphasen-Wechselstrom-Kompound-Motors. Zürich 1908: H. Goessler. 55 S., 1 Bl., 17 Taf. 8° [H 07

1145 Alexander, Johann: Drehstrommotoren mit Kommutator für regelbare Drehzahl. Berlin 1908: H. S. Hermann. 48 S., 14 Taf. 8° [Be 08

1146 Fraenckel, Alfred: Der einphasige kompensierte Nebenschlußmotor mit besonderer Berücksichtigung des regelbaren Nebenschlußmotors von E. Arnold und J. L. la Cour. Berlin: Springer 1908. 82 S. 8⁰   [K 08

1147 Jonas, Edward: Die experimentelle Untersuchung eines Wechselstromserienmotors mit besonderer Berücksichtigung der Wendepole. Berlin: Springer 1908. 37 S. 8⁰   [K 08

1148 Cauwenberghe, R[obert] van: Beitrag zur allgemeinen Theorie der Asynchronmotoren ohne Kollektor. Die Kaskadenschaltung. Berlin: Selbstverlag 1909. 122 S., 28 Taf. 8⁰   [Dz 09
(Im Buchh. b.: Van Goethem & Co., Gent, Belgien.)

1149 Dreyfus, Ludwig: Die Theorie des Drehstrom-Asynchronmotors in der einachsigen Schaltung und ihre experimentelle Nachprüfung. Berlin: Ernst 1909. 70 S., 1 Bl., 3 Taf. 8⁰   [M 09

1150 Wolf, Rudolf: Experimentelle Bestätigung des Vektorendiagramms für den Motor nach Winter-Eichberg-Latour. Mit 41 Fig. im Text. Leipzig 1910: Teubner. 1 Bl., 63 S. 8⁰   [Dr 09

1151 Hommel, Gustav: Über das Verhalten des asynchronen Drehstrommotors bei unsymmetrischen Klemmenspannungen. München 1910: C. Wolf. 49 S., 8 Taf. 4⁰   [M 10
[Im Buchh. b. Piloty & Löhle, München.]

1152 Müller, Paul: Gegenstrom- und Kurzschlußbremsung bei Reihenschluß-Kommutator-Motoren. München 1911: Oldenbourg. 18 S. 4⁰ [Be 10

1153 Stern, Oscar: Untersuchung der Felder eines Einphasen-Repulsionsmotors System Déri. Berlin: Springer 1910. 2 Bl., 58 S., 1 Bl. 8⁰ [K 10
[Ersch. auch in: Arbeiten aus d. elektrotechn. Institut d. großherzogl. techn. Hochschule Fridericiana in Karlsruhe. Bd. 2, 1910.]

Vgl. auch: 857, 1108.

f) Akkumulatoren. Transformatoren.

1154 Oldiges, B[enno]: Über den Einfluß der Temperatur auf die Kapazität des Bleiakkumulators. Berlin-Friedenau [1904]: Rich. Gartmann. 58 S. 8⁰ [H 03

1155 Wille, Heinrich: Pufferbatterien im Straßenbahnbetriebe. München 1905: Oldenbourg. 11 S. 4⁰   [Brn 04
[Ersch. auch in: Elektr. Bahnen und Betriebe. Jg. 3, 1905.]

1156 Albrecht, Richard: Über die Ausnutzung des aktiven Materials bei positiven Großoberflächen und Masseplatten des Bleiakkumulators. Berlin 1906: A. W. Schade. 35 S. 4⁰   [H 05

1157 Rogowski, W[alter]: Über das Streufeld und den Streuinduktionskoeffizienten eines Transformators mit Scheibenwicklung u. geteilten Endspulen. Berlin 1908: (A. W. Schade). 39 S., 1 Taf. 4⁰(8⁰) Dz 07
[Ersch. auch in: Mitteilungen über Forschungsarbeiten auf d. Gebiete d. Ingenieurwesens. H. 71.]

1158 Keinath, Georg: Untersuchungen an Meßtransformatoren. München 1909: C. Wild. 103 S. 8⁰   [M 09

1159 Vetter, Theodor: Der Perioden-Umformer mit einphasig belastetem Sekundärstromkreise. München 1909: C. Wild. 63 S., 10 Taf. 8⁰ [M 09

1160 Hallo, Herman S.: Die Eigenschaften des Kaskadenumformers und seine Anwendung. Berlin: Springer 1910. 2 Bl., 99 S., 1 Bl. 8⁰ [K 10
[Ersch. auch in: Arbeiten aus d. elektrotechn. Institut d. großherzogl. techn. Hochschule Fridericiana in Karlsruhe. Bd. 2, 1910.]

g) Elektrische Bahnen siehe unter: 13 f. Eisenbahnwesen.

h) Elektrizitätswerke, Zentralen.

Vgl.: 1245, 1247, 1249, 1252, 1262.

17. Berg- und Hüttenwesen.

a) Bergbaukunde.

1161 Denker, Wilhelm: Die bergmännischen Sprengarbeiten im Lichte der
Unfallstatistik. Gummersbach 1904: Luyken. 28 S., 2 Bl. Tab. 4° [A 04
[Ersch. auch in: Glückauf. Jg. 40, 1904.]

1162 Nieß, Hermann: Die Bekämpfung der Wassersand- ⟨Schwimmsand-⟩
Gefahr beim norddeutschen Braunkohlenbergbau. Freiberg i. S.: Craz
& Gerlach 1907. 104 S. 8°   [Dr 07

1163 Hagemann, Ferdinand: Bergmännisches Rettungs- und Feuerschutzwesen
in der Praxis und im Lichte der Bergpolizei-Verordnungen Deutschlands und Österreichs. Freiberg i. S.: Craz & Gerlach 1908. VI, 159 S.
4° (8°)   [Dr/F 08

1164 Hilgenstock, [Karl]: Untersuchungen über wechselnde Kohlenfestigkeit
und ihren Einfluß auf das Lohnwesen. Ein Beitrag zur Frage der
Lohntarife im Steinkohlenbergbau. o. O. 1909. 25 S. 4° (8°)   [A 09
[Ersch. auch in: Glückauf. Jg. 45, 1909.]

1165 Forstmann, [Richard]: Untersuchungen über die Austrocknung der
Grubenbaue durch große Wettermengen und Versuche mit verschiedenen
Mitteln zur Kohlenstaubbekämpfung. Essen-Ruhr 1910: W. Girardet.
52 S. 4°   [A 10
(Aus: Glückauf. Jg. 46 [1910].)

Vgl. auch: 123, 1034, 1255, 1272, 1274.

b) Hüttenkunde.

I. Aufbereitung.

1166 Lukaszczyk, Jacob: Beiträge zur Erzaufbereitung. Die Vorteile des
schiefen Stoßes bei ebenen Stoßherden. Königshütte 1902: Königshütter
Tageblatt. 46 S., 1 Bl., 8 Taf. 8°   [B 02

1167 Esser, Friedrich: Elektrostatische Aufbereitung der Erze. Halle a. S.:
Knapp 1907. 27 S. 4°   [A 07
[Ersch. auch in: Metallurgie. Jg. 4, 1907.]

1168 Seiler, Carl: Über die außergewöhnlichen Silberverluste bei der Aufbereitung von silberhaltigem Bleiglanz und ihre Verringerung auf mecha-
nischem Wege. (Magdeburg) 1906: (Faber). 52 S., 4 Taf. 8°   [A 07

1169 Glatzel, Richard: Ein Beitrag zum Elmore'schen Extraktionsverfahren.
⟨Aufbereitung von Erzen unter Zuhilfenahme von Ölen.⟩ Borna-Leipzig
1908: Noske. 77 S. 8°   [Dr/F 08
[Im Buchh. b. Craz & Gerlach, Freiberg i. Sa.]

II. Metallographie. Metallurgie. Elektrometallurgie.

1170 Böhler, Otto: Über Wolfram- u. Rapidstahl. Berlin 1903: (G. Schade).
57 S. 8°   [Be 03

1171 Günther, Emil: Verfahren zur Gewinnung von Kupfer und Nickel aus
kupfer- und nickelhaltigen Magnetkiesen. Berlin 1903: A. W. Schade.
32 S. 4°   [A 03
[Im Buchh. b. Craz & Gerlach, Freiberg i. Sa.]
[Ersch. auch in: Zeitschrift d. Vereines deutscher Ingenieure. Bd 47, 1903.]

1172 Geiger, Carl: Beiträge zur Kenntnis der zwei Kohlenstofformen im Eisen
»Temperkohle« und »Graphit«. Stuttgart 1904: Greiner & Pfeiffer.
52 S. 8°   [A 04
[Im Ausz. in: Stahl u. Eisen. Jg. 25, 1905.]

1173 Geilenkirchen, Theodor: Über Verwendung von kalt erblasenem
Roheisen zur Flußeisen-Darstellung. [Hörde 1904: Louis Halbach.]
102 S. 8°   [A 04

1174 Huppertz, Wilhelm: Versuche über die Herstellung von Titan und Titan-
legierungen aus Rutil und Titanaten im elektrischen Ofen. Halle a. S.
1904: Waisenhaus. 41 S. 4°   [A 04

1175 Peetz, L[udwig]: Scheidung von Zinn und Blei aus Zinn-Blei-Legierungen.
Halle a. S. 1904: Waisenhaus. 30 S. 4°   [A 04

1176 Schlösser, Paul: Die Temperkohle und der Einfluß von Kohlenstoff,
Silicium, Mangan, Schwefel, Phosphor und Kupfer auf die Bildung derselben im Eisen. Aachen 1904: Aachener Verlags- u. Druckerei-Gesellsch.
40 S., 1 Bl., 2 Bl. Taf. 8°   [A 04
[Im Ausz. in: Stahl u. Eisen. Jg. 24, 1904.]

1177 Wedemeyer, Otto: Über die Verwendung von Manganerzen als Ent-
schweflungsmittel beim Schmelzen von Gußeisen. Sterkrade 1904: W.
Scharrer. 27 S. 8°   [Brn 04

1178 Brandt, Paul: Das Verblasen von Kupferstein mittels mit Sauerstoff an-
reicherten Windes. Halle a. S. 1905: Waisenhaus. 20 S. 4°   [A 05

1179 Demeter, Adolf: Der Hochofenbetrieb in Amberg. Amberg 1905: H. Böes.
26 S. 8°   [M 05

1180 Philips, Moritz: Beiträge zur Kenntnis des Kupfersilicids. Berlin 1904:
(Aachener Verlags- u. Druckerei-Gesellsch., Aachen.) 63 S. 8°   [Be 05

1181 Anton, Alfred: Beiträge zur Kenntnis der Eisenkohlenstoffverbindungen
und der Konstitution des Kohlenstoffeisens. (Darmstadt) 1905: (G. Otto).
1 Bl., 57 S. 8°   [Be 06

1182 Kassel, Georg: Beiträge zur Kenntnis der Reduktion von Eisenschlacken
durch Kohlenoxyd und Wasserstoff. Berlin 1906: (E. Ebering). 46 S.,
1 Bl. 8°   [Be 06

1183 Lehmer, C[arl]: Elektrisches Verschmelzen sulfidischer Erze und Hütten-
produkte unmittelbar auf Metall. Halle a. S. 1906: Waisenhaus. 24 S. 4° [A 06

1184 Mayr, Friedrich: Das Bessemern von Kupfersteinen. Freiberg i. Sa.:
Craz & Gerlach 1906. 40 S., 3 Taf. 4°   [M 06

1185 Moser, Max: Die Beziehungen zwischen dem Eindringwiderstand und
den kritischen Punkten der Eisenkohlenstofflegierungen. Essen-Ruhr:
W. Girardet 1906: 56 S. 8°   [S 06

1186 Pütz, Paul: Der Einfluß des Vanadins auf Eisen u. Stahl. Halle a. S.
      1906: Waisenhaus. 39 S. 4°   [A 06

1187 Goerens, Paul: Über die Vorgänge bei der Erstarrung und Umwandlung
      von Eisenkohlenstofflegierungen und deren Beobachtung auf metallo-
      graphischem Wege. Halle a. S.: Knapp 1907. 46 S. 4°   [A 07
      [Ersch. auch in: Metallurgie. Jg. 4, 1907.]

1188 Petersen, Otto: Beitrag zum Einfluß des Siliziums auf das System Eisen-
      Kohlenstoff. Halle a. S.: Knapp 1907. 34 S. 4°   [A 07
      [Im Ausz. in: Metallurgie. Jg. 4, 1907.]

1189 Wilms, Otto: Über Kohlenstoffnickel. Berlin 1907. 54 S., 2 Taf. 8° [Be 07

1190 Friedmann, Ignatz: Über Zinkcyanid und Zinkalkalidoppelcyanidver-
      bindungen in den Arbeitslösungen des Prozesses der Goldgewinnung
      und ihren Einfluß auf den Verlauf des Prozesses. Berlin 1908: (E. Ebe-
      ring). 62 S., 1 Bl. 8°   [Be 08

1191 Nugel, Karl: Beiträge zur Kenntnis der Betriebslaugen des Cyanid-
      prozesses. Berlin 1908; (E. Ebering). 30 S., 1 Bl. 8°   [Be 08
      [Ersch. auch in: Metallurgie. Jg. 5, 1908.]

1192 Richter, Paul: Beiträge zur Theorie des Huntington-Heberlein-Prozesses
      und der ihm verwandten Verblaseverfahren. Borna-Leipzig 1909: Noske.
      2 Bl., 84 S. 8°   [Dr/F 08
      [Im Ausz. in: Chemiker-Zeitung. Jg. 32, 1908.]

1193 Saklatwalla, Byramji: Phosphoreisen, seine Konstitution. Berlin 1908:
      (E. Ebering). 38 S., 1 Bl. 8°   [Be 08
      [Ersch. auch in: Metallurgie. Jg. 5, 1908.]

1194 Stadeler, August: Beitrag zur Kenntnis des Mangans und seiner Le-
      gierungen mit Kohlenstoff. Halle a. S.: Knapp 1908. 26 S., 4 Taf. 4° [A 08
      [Ersch. auch in: Metallurgie. Jg. 5, 1908.]

1195 Steffe, Hermann: Über die Bildungstemperaturen einiger Eisenoxydul-
      Kalk-Schlacken und einiger kalkfreien Eisenoxydul-Schlacken, deren
      Kenntnis für das Verschmelzen der Bleierze Bedeutung hat. Berlin 1908:
      (Kölner Verlags-Anstalt, Köln). 21 S., 1 Bl. 8°   [Be 08

1196 Tafel, Victor E.: Studie über die Constitution der Zink-Kupfer-
      Nickel-Legierungen sowie der binären Systeme Kupfer-Nickel, Zink-
      Kupfer, Zink-Nickel. Freiberg i. Sa.: Craz & Gerlach 1908. 50 S.,
      12 Taf. 4°   [Dr/F 08
      [Im Ausz. in: Metallurgie. Jg. 5, 1908.]

1197 Theusner, Martin: Beiträge zur Erweiterung der bisherigen Kenntnisse
      von der Konstitution natürlicher und künstlicher Schlacken. Berlin
      1908: (E. Ebering). 67 S., 1 Taf. 8°   [Be 08
      [Im Ausz. in: Metallurgie. Jg. 5, 1908.]

1198 Hanemann, Heinrich: Über die Reduktion von Silicium aus Tiegel-
      materialien durch geschmolzenes kohlehaltiges Eisen. Berlin 1909: Carl
      Ockler. 21 S., 1 Bl. 8°   [Be 09

1199 Kahnert, Paul: Studien über die Durchführung des Roheisen-Erz-Prozesses
      im Martinofen. Königshütte O.-Schl. 1909: R. Giebler. 40 S. 8° [Be 09

1200 Kohlmeyer, Ernst J.: Über die Calciumferrite, ihre Konstitution und ihr
      Auftreten in hüttenmännischen Prozessen. Halle a. S.: Knapp 1909.
      41 S., 1 Taf. 4°   [Be 09
      [Im Ausz. in: Berichte d. deutschen chem. Gesellschaft. Jg. 42, 1909.]

1201 Maurer, Ed[uard]: Untersuchungen über das Härten und Anlassen von Eisen und Stahl. Halle a. S.: Knapp 1909. 40 S., 4 Taf. 4⁰   [A 09
[Ersch. auch in: Metallurgie. Jg. 6, 1909.]

1202 Müller, Albert: Über die Darstellung des Elektrolyteisens, dessen Zusammensetzung und thermische Eigenschaften. Halle a. S.: Knapp 1909. 24 S. 4⁰   [A 09
[Ersch. auch in: Mitteilungen aus d. eisenhüttenmänn. Institut d. kgl. techn. Hochschule Aachen. Bd 3, 1909.]

1203 Voigt, Max[imilian]: Beiträge zur Oxydation des Phosphors im basischen Konverter. Borna-Leipzig 1910: Noske. 2 Bl., 81 S. 8⁰   [Dr/F 09

1204 Weiller, Paul: Die Bleisilikate. Halle a.S.: Knapp [1909]. 14 S., 2 Taf. 4⁰ [Be 09

1205 Becker, Hermann: Über das Glühfrischen mit gasförmigen Oxydationsmitteln. Halle a. S.: Knapp 1910. 24 S., 2 Taf. 4⁰   [A 10
[Ersch. auch in: Metallurgie. Jg. 7, 1910.]

1206 Blome, Hermann: Beiträge zur Konstitution der Thomasschlacke. Halle a. S.: Knapp (1910). 21 S. 4⁰   [Be 10
[Ersch. auch in: Metallurgie. Jg. 7, 1910.]

1207 Felser, Hans L.: Der Einfluß der Seigerung auf die Festigkeit des Flußeisens. Aachen 1910. 25 S., 8 Bl. Taf. 4⁰   [A 10
[Ersch. auch in: Metallurgie. Jg. 7, 1910.]

1208 Gsell, Martin: Eisen, Kupfer und Bronze bei den alten Ägyptern. Archäologisch-metallurgische Abhandlung. Karlsruhe [1910]: Braun. VIII, 103 S. 8⁰   [K 10

1209 Gutowsky, Nikolaus: Zur Theorie des Schmelz- und Erstarrungsprozesses der Eisen-Kohlenstofflegierungen. Halle a. S.: Knapp 1910. 18 S., 5 Taf. 4⁰   [A 10
[Ersch. auch in: Mitteilungen aus d. eisenhüttenmänn. Institut d. kgl. techn. Hochschule Aachen. Bd 4, 1910.]

1210 Jung, Adalbert: Studie über die Einwirkung thermischer Behandlung auf die Festigkeitseigenschaften und die Mikrostruktur hypereutektoider Stähle. Berlin: Bornträger 1911. 1 Bl., 46 S., 12 Taf. 8⁰   [Be 10

1211 Liesching, Theodor: Über den Einfluß des Schwefels auf das System Eisen-Kohlenstoff. Halle a. S.: Knapp 1910. 16 S., 1 Taf. 4⁰   [A 10
[Ersch. auch in: Metallurgie. Jg. 7, 1910.]

1212 Schertel, Ludwig: Studien über einige Verlustquellen des Blei- und Kupfer-Hochofenprozesses. Weida i. Th. 1910: Thomas & Hubert. 49 S., 1 Bl. 8⁰   [Dr 10

1213 Springorum, Friedrich: Experimentelle Untersuchungen des Hoeschprozesses. Halle a. S.: Knapp 1910. 26 S., 6 Bl. Fig. 4⁰   [A 10
[Ersch. auch in: Metallurgie. Jg. 7, 1910, u. in: Stahl u. Eisen. Jg. 30, 1910.]

1214 Thomsen, Kurt: Beiträge zur Kenntnis der Löslichkeit des Graphits im festen Eisen und der Schmelzerscheinungen des grauen Roheisens. Hoerde [1911]: Louis Halbach. 24 S., 5 Taf. 4⁰   [Be 10

1215 Weyl, Fritz: Über Zementation im luftleeren Raum mittels reinen Kohlenstoffs. Halle a. S.: Knapp 1910. 21 S., 4 Bl. Taf. 4⁰   [A 10
[Ersch. auch in: Stahl u. Eisen. Jg. 30, 1910.]

Vgl. auch: 633.

III. Hüttenmännisch-physikalische Untersuchungen.

1216 Nathusius, Hans: Beziehungen zwischen den magnetischen und anderen
　　　Eigenschaften des Gußeisens. (Düsseldorf 1905: Bagel.) 34 S., 1 Taf. 4° [A 05
　　　[Im Ausz. in: Stahl u. Eisen. Jg. 25,. 1905.]

1217 Oberhoffer, Paul: Über die spezifische Wärme des Eisens. Halle a. S.:
　　　Knapp 1907. 45 S. 4°　　　　　　　　　　　　　　　　　　[A 07
　　　[Im Ausz. in: Metallurgie. Jg. 4, 1907.]

1218 Mayer, F[ritz]: Die Wärmetechnik des Siemens-Martinofens. Halle a. S.
　　　1908: Waisenhaus. 123 S., 29 Taf. 8°　　　　　　　　　　[S 08
　　　[Im Buchh. b. Knapp, Halle a. S. 1909.]
　　　[Im Ausz. in: Stahl u. Eisen. Jg. 28, 1908, u in: Zeitschrift d. Vereines
　　　deutscher Ingenieure. Bd 52, 1908.]

1219 Gillhausen, W[erner] G.: Untersuchungen über die Wärme- und Stoff-
　　　bilanz beim Hochofen. Halle a. S.: Knapp 1910. 49 S., 1 Bl. Taf. 4° [A 10
　　　[Ersch. auch in: Metallurgie. Jg. 7, 1910.]

IV. Hüttenmännisch-chemische Untersuchungen.

1220 Waldeck, Karl: Gasanalytische Untersuchungen an Bleischachtöfen.
　　　Berlin 1901: H. S. Hermann. 35 S., 1 Bl. 8°　　　　　　　[Be 01

1221 Bublitz, Erich: Untersuchungen über die Einwirkung des Wasserstoffs
　　　auf die Sauerstoffverbindungen des Mangans. Berlin 1903: (A. W.
　　　Schade). 35 S. 8°　　　　　　　　　　　　　　　　　　　[Be 03

1222 Sadlon, Alfred: Beiträge zur Chemie des Zinkblende-Röst-Prozesses.
　　　Kattowitz 1903: Böhm. 48 S. 8°　　　　　　　　　　　　[Be 03

1223 Thomas, Friedrich: Über die Einwirkung des Ferrisulfats auf Kupfer-
　　　kies. Halle a. S. 1903: Waisenhaus. 31 S. 4°　　　　　　[A 03

1224 Bruch, Reinhard: Versuche, Schmiedeeisen mit Leuchtgas, Petroleum-
　　　dampf, Azetylen u. Kohlenoxydgas zu kohlen. Aachen 1904: Aachener
　　　Verlags- u. Druckerei-Gesellsch. 37 S., 3 Taf. 8°　　　　[A 04

1225 Ott, G[otthilf]: Vergleichende Untersuchungen von rheinisch-westfälischem
　　　Gießerei- und Hochofenkoks. Heidelberg 1905: J. Hörning. 67 S.,
　　　1 Taf. 8°　　　　　　　　　　　　　　　　　　　　　　　[A 04

1226 Unger, Otto: Beiträge zur Chemie der Cadmiumgewinnung. o. O. 1904.
　　　52 S. 8°　　　　　　　　　　　　　　　　　　　　　　　[Be 04

1227 Wolff, Paul: Das Verhalten des Koksschwefels im Hochofen. Aachen
　　　1904. 68 S. 8°　　　　　　　　　　　　　　　　　　　　[A 04
　　　[Im Ausz. in: Stahl u. Eisen. Jg. 25, 1905.]

1228 Bräutigam, Max: Studien über die Kohlenwasserstoffe, welche bei der
　　　Behandlung kohlenstoff- und manganhaltigen Eisens mit verdünnten
　　　Säuren entwickelt werden, und über die Beziehungen dieser Kohlen-
　　　wasserstoffe zu den Kohlenstofformen im Eisen. Berlin 1905: (Aug.
　　　Preuss, Cöthen). 52 S. 8°　　　　　　　　　　　　　　　[Be 05

1229 Graumann, Carl Artur: Studien über das Verhalten von Eisenoxyden
　　　zu Zinkblende. Halle a. S. 1906: Waisenhaus. 17 S. 4°　　[A 06
　　　[Ersch. auch in: Metallurgie. Jg. 4, 1907.]

1230 Kumpmann, Walter: Beiträge zur Kenntnis der Reduktion von Zink-
　　　oxyd durch Wasserstoff und Kohlenoxyd. Berlin 1906: (E. Ebering).
　　　51 S. 8°　　　　　　　　　　　　　　　　　　　　　　　[Be 06

1231 Schütz, Ernst: Über die Affinität des Schwefels zu einer Reihe von Metallen. ⟨Eine Nachprüfung der Reihe von Fournet.⟩ Halle a. S.: Knapp 1907. 21 S. 4⁰   [A 07

1232 Laval, Leo: Experimentelle Untersuchung des Thomasprozesses. Halle a. S.: Knapp 1908. 55 S. 4⁰   [A 08
|Ersch. auch in: Metallurgie. Jg. 5, 1908.]

1233 Philippi, Heinrich: Schmelz- und Lösungsversuche in der Reihe Kalk-Kieselsäure. Berlin 1908: (E. Ebering). 54 S., 1 Bl. 8⁰   [Be 08

1234 Quasebart, Karl: Vergasungsversuche mit dem Morgan-Generator. Halle a. S.: Knapp 1908. 26 S., 3 Bl. Taf. 4⁰   [A 08
[Ersch. auch in: Metallurgie. Jg. 5, 1908.]

1235 Lepiarczyk, Victor: Beiträge zur Chemie des Zinkhüttenprozesses. Halle a. S. [1909]: Waisenhaus. 14 S. 4⁰   [Be 09
[Ersch. auch in: Metallurgie. Jg. 6, 1909.]

1236 Warlimont, Felix: Über die Oxydation der Sulfide und die Dissociation der Sulfate von Eisen, Kupfer und Nickel und ein auf diese Versuche sich stützendes einfaches Verfahren zur Verhüttung Kupfer und Nickel führender Magnetkiese. Halle a. S.: Knapp 1909. 22 S. 4⁰   [A 09
[Ersch. auch in: Metallurgie. Jg. 6, 1909.]

1237 Lierg, Friedrich H.: Beiträge zur Chemie des Verkokungsprozesses. Weida i. Th. 1910: Thomas & Hubert. 57 S. 8⁰   [Dr 10

1238 Thomas, Felix: Über den Einfluß von Wasserdampf bezw. Kohlenwasserstoffen auf die Röstung der Zinkblende. Halle a. S.: Knapp 1910. 31 S. 4⁰   [A 10
|Ersch. auch in: Metallurgie. Jg. 7, 1910.]

18. Land- und Forstwirtschaft.

1239 Seeger, Max: Beitrag zur Geschichte der Waldungen der Stadt Ettlingen. Karlsruhe 1908: Braun. 3 Bl., 90 S., 1 Kt. 8⁰   [K 07

1240 Bauer, Otto: Bonitierungsversuch auf agronomisch-naturwissenschaftlicher Grundlage, angewendet auf die Flurbereinigungs-Gebiete von Lindflur, Zellingen a. M. u. Gundelfingen. München 1909: J. Fuller. 1 Bl., 100 S., 3 Taf. 8⁰   [M 09

1241 Frankau, August: Untersuchungen über die Beziehungen der physikalischen Bodeneigenschaften zu einander u. zur mechanischen Bodenanalyse. Straubing 1909: Cl. Attenkofer. 2 Bl., 46 S. 8⁰   [M 09

1242 Statz, Paul: Die Abstandszahl, ihre Bedeutung für die Forsttaxation, Bestandeserziehung und Bestandespflege. Freiburg i. Br. 1909: C. A. Wagner. 65 S., 1 Bl. 8⁰   [K 09

1243 Stoll, Hermann: Das Versagen der Weißtannenverjüngung im mittleren Murgtale. Ein Beitrag zum waldbaulichen Verhalten der Weißtanne. Mit 6 Abb. Ludwigsburg 1909: Ungeheuer & Ulmer. 64 S. 8⁰ [K 09
(Aus: Naturwissenschaftl. Zeitschrift f. Forst- u. Landwirtschaft. Jg. 7, 1909.)

1244 Suter, Josef: Die reine Graswirtschaft in der Hügelregion des nordost- und zentralschweizerischen Alpenfußlandes. Merseburg 1910: Fr. Stollberg. 1 Bl., 126 S., 1 Bl. 8⁰   [M 09
(Aus: Landwirtschaftl. Jahrbücher. [Bd 39] 1910.)

1245 Wallem, Harald: Die Elektrizität in der Landwirtschaft und deren Be-
  ziehungen zu Überlandzentralen. Berlin: Springer 1910. 1 Bl., 46 S. 4° [K 10
  (Im·Buchh. ebd. 1911.)
  (Ersch. auch in: Elektrotechn. Zeitschrift. Jg. 31, 1910.)

  Vgl. auch 710, 1043.

19. Untersuchungen technisch-wirtschaftlichen und verwandten Inhalts.

1246 Schwaighofer, Hans: Die Grundlagen der Preisbildung im elektrischen Nachrichten-Verkehr. (München [1902]: Haertl.) 162 S., 1 Bl.,
  2 Bl. Taf. 8°   [M 01
  [Im Buchh. b. J. Lindauer, München.]

1247 Baldamus, Max: Die Rentabilitätsgrenzen von Überlandcentralen mit Dampf
  als Betriebskraft. Wolfenbüttel: Heckner 1902. 46 S., 5 Bl. Taf. 4° [Brn 02

1248 Blum, Otto: Reibungsbahnen und Bahnen gemischten Systems. Ein
  Vergleich ihrer wirtschaftlichen Verhältnisse. Berlin 1903: (Waisenhaus,
  Halle a. S.). 41 S. 4°   [Be 03
  [Ersch. auch in: Zeitschrift f. Bauwesen. Jg. 53, 1903.]

1249 Heine, Bruno: Über die Erzeugung elektrischer Energie mit Hilfe
  von Kanalisations-Klärschlamm. Berlin 1904: H. S. Hermann. 37 S.,
  1 Bl. 4°   [Be 04

1250 Oder, M[oritz Wilhelm]: Betriebskosten der Verschiebebahnhöfe. Berlin:
  Springer 1904. 95 S. 8°   [Be 04
  [Ersch. auch in: Archiv f. Eisenbahnwesen. Jg. 1904 u. 1905.]

1251 Schinkel, Max: Der elektrische Schiffszug. Eine technische und wirtschaftliche Untersuchung über die Möglichkeit bezw. Zweckmäßigkeit
  einer Erhöhung der Fahrgeschwindigkeit auf verkehrsreichen Kanälen.
  Jena 1906: G. Fischer. V, 102 S., 1 Bl., 7 Taf. 8°.   [Dst 06
  [Ersch. auch als: Mitteilungen d. Gesellschaft f. wirtschaftl. Ausbildung
  zu Frankfurt a/M. N. F. H. 1.]

1252 Siegel, G[ustav]: Die Tarife der Elektrizitätswerke. Darmstadt; (Berlin:
  Springer) 1905. VII, 192 S. 8°   [Dst 06

1253 Bertschinger, Hermann: Die Wirtschaftlichkeit von Schiffshebewerken.
  Berlin 1908: (A. W. Schade). 26 S. 4°   [Be 07
  [Ersch. auch in: Zeitschrift des Vereines deutscher Ingenieure. Bd. 51, 1907.]

1254 Mattersdorf, Wilhelm: Untersuchung der den städtischen Verkehr be-
  stimmenden Einflüsse und Nutzanwendung der Ergebnisse bei Ver-
  kehrsschätzungen. (Berlin: Springer) [1907]. 1 Bl., 42 S, 4 Taf. 4°(8°) [Be 07
  [Im Buchh. ebd. u. d. T.: Städtische Verkehrsfragen. 1907.]

1255 Randhahn, Walther: Der Wettbewerb der deutschen Braunkohlen-
  Industrie gegen die Einfuhr der böhmischen Braunkohle. Jena: G.
  Fischer 1908. 1 Bl., 119 S., 1 Kt. 8°   [A 08
  (Ersch. auch als: Mitteilungen d. Gesellschaft f. wirtschaftl. Ausbildung
  zu Frankfurt a/M. N. F. H. 3.)

1256 Steidle, Hans Carl: Technische Grundlagen und wirtschaftliche Be-
  deutung des halbautomatischen Betriebes in Stadt- und Land-Fernsprech-
  Netzen. (Ein Beitrag zur Neuregelung des Telephongebühren-Tarifes.)
  München 1909: Kastner & Callwey. 70 S. 4°   [M 08
  [Im Buchh. b. E. Reinhardt, München.]
  [Ersch. auch in: Zeitschrift f. Schwachstromtechnik. Jg. 3, 1909.]

1257 Wulff, C[onstantin]: Die Talsperrengenossenschaften im Ruhr- und
Wuppergebiet Jena: G. Fischer 1908. VI, 169 S. 8⁰   [Dst 08
[Ersch. auch als: Mitteilungen d. Gesellschaft f. wirtschaftl. Ausbildung
zu Frankfurt a/M. N. F. H. 4.]

1258 Altmann, Eugen: Über die Entwickelung und Bedeutung der Kartelle
in der deutschen Eisenindustrie. (Berlin [1909]: Berthold Levy). 100 S.,
2 Bl., 6 Bl. Tab. 8⁰   [Dst 09

1259 Barten, Ernst: Notwendigkeit, Erfolge und Ziele der technischen Un-
fallverhütung. Gräfenhainichen [1909]: C. Schulze. 100 S., 1 Bl. 8⁰ [Be 09
(Im Buchh. b. A. Troschel, Groß-Lichterfelde.)

1260 Claus, Carl: Der Umschlagverkehr in Baumaterialien auf den Berliner
Wasserstraßen und die Zweckmäßigkeit der Verwendung mechanischer
Entladevorrichtungen für den Ziegeltransport. Berlin: M. Krayn [1910].
71 S., 1 Taf. 8⁰   [Be 09
[Ersch. auch als: Schriften d. Verbandes Deutscher Diplom-Ingenieure. 2.]
[Im Ausz. in: Technik und Wirtschaft. Jg. 3, 1910.]

1261 Hecker, Hermann: Die Wohnungsfrage und das Problem architek-
tonischen Gestaltens. Eine ästhetisch-wirtschaftliche Studie. Aachen:
M. Jacobi's Nachf. 1909. 2 Bl., 259 S. 8⁰   [A 09

1262 Ludin, Adolf: Der Ausbau der Niederdruckwasserkräfte. Heidelberg
1910: J. Hörning. IV, 216 S., 9 Taf. 8⁰   [K 09

1263 Luther, Gerhard: Der deutsche Mühlenbau. Eine Monographie dieses
Gewerbezweiges nach seiner jüngeren Entwickelung. (Braunschweig
[1909]: Jul. Krampe.) 78 S., 1 Bl. 8⁰   [Dst 09

1264 Bieńkowski, Stanislaw von: Untersuchungen über Arbeitseignung und
Leistungsfähigkeit der Arbeiterschaft eines großindustriellen Betriebes.
Altenburg, S.-A. [1910]: Pierer. 45 S. 8⁰   [Be 10
[Ersch. auch in: Schriften d. Vereins f. Socialpolitik. Bd 134, 1910.]

1265 Geitmann, Hans: Die wirtschaftliche Bedeutung der deutschen Gas-
werke. München 1910: Oldenbourg. IV, 136 S. 8⁰   [Be 10
[Im Buchh. ebd.]

1266 Gleye, [Rudolf]: Die leitenden Gesichtspunkte zur Durchführung der Kanali-
sation einer Stadt. Eine wirtschaftlich-technische Studie als Beitrag zur Ka-
nalisations-Literatur. Leipzig 1910: Aug. Hoffmann. 88 S., 1 Tab. 8⁰ [Brn 10

1267 Gümbel, Ludwig: Fabrikorganisation mit spezieller Berücksichtigung
der Anforderungen der Werftbetriebe. Berlin: Springer 1910. S. 329—
407a, 408—426a, 427—436, 10 Taf. 4⁰ |Be 10
(Aus: Jahrbuch d. Schiffbautechn. Gesellschaft. Jg. 11, 1910.)

1268 Klönne, Theodor: Verringerung der Selbstkosten in Adjustagen und
Lagern von Stabeisenwalzwerken. Berlin: Springer 1910. 2 Bl., 124 S.,
2 Taf. 8⁰   [Be 10

1269 Koch, Waldemar: Die Industrialisierung Chinas. (Cöthen [1910]: P.
Dünnhaupt.) 86 S. 8⁰   [Be 10
[Im Buchh. b. Springer, Berlin 1910.]
(Im Ausz. in: Technik und Wirtschaft. [Jg. 3, 1910].)

1270 Leber, Engelbert: Die Frage der Selbstkostenberechnung von Guß-
stücken in Theorie und Praxis. Aufstellung einer gerechten Stück-
Kalkulationsmethode auf vollständig neuer Grundlage, sowie kritische
Behandlung der gebräuchlichsten Verfahren. Düsseldorf: Verlag Stahl-
eisen 1910. VIII, 126 S. 4⁰(8⁰)   [Dr/F 10
[Im Ausz. in: Stahl u. Eisen. Jg. 30, 1910.]

1271   Meyer, Franz: Handwerkerschutz und Arbeitsbedingungen bei Vergebung öffentlicher Arbeiten, mit besonderer Berücksichtigung des deutschen Baugewerbes und seiner Tarifverträge. Bonn: Carl Georgi 1910.   120 S.   8⁰   [H 10

1272   Oberschuir, Ewald: Die Heranziehung und Seßhaftmachung von Bergarbeitern im Ruhrkohlenbecken. Kritik der bisher getroffenen Maßnahmen und Vorschläge zur Gewinnung eines seßhaften Arbeiterstammes. Düsseldorf 1910: Cl. Kruse.   103 S.   8⁰   [A 10

1273   Peiseler, Gottlieb: Anwendung der modernen Organisationsgrundlagen auf Klein- und Mittelbetriebe. Ausgeführt an einem Beispiel aus der Kleineisenindustrie. Berlin: Springer [1911].   45 S., 1 Bl.   4⁰(8⁰)   [Be 10
[Ersch. auch in: Werkstattstechnik.   Jg. 4 u. 5, 1910 u. 1911.]

1274   Pütz, Otto: Die Begutachtung und Wertschätzung von Bergwerksunternehmungen mit besonderer Berücksichtigung der oberschlesischen Steinkohlengruben. Freiberg i. Sa.: Craz & Gerlach 1911.   111 S.   8⁰ [Dr/F 10

Vgl. auch: 55, 710, 877, 892, 906, 910, 949, 1006, 1019, 1054, 1055, 1086, 1115, 1118, 1163, 1164, 1245.

Anhang.

I.

Vergleichende statistische Übersichten über die in den Jahren 1900 bis 1910 erfolgten Doktor-Ingenieur-Promotionen.

Das Material zu den nachfolgenden statistischen Übersichten ist den durch die Promotionsordnungen vorgeschriebenen halbjährlichen Veröffentlichungen der Doktor-Ingenieur-Promotionen im Reichs-Anzeiger (für München seit 1905 nur noch im Bayerischen Ministerialblatt für Kirchen- und Schulangelegenheiten) entnommen. Diese Veröffentlichungen geschehen übereinstimmend nach folgendem Muster:

Laufende Nr.	Name des Promovierten. Vor- u. Zuname, Ort u. Zeit der Geburt, Heimatsort	Reifezeugnis. Anstalt, Datum der Ausstellung	Studiengang. Besuchte Hochschulen (Technische u. sonstige, einschl. der Universitäten), Zeit des Besuches	Diplomprüfung. Fachrichtung, Hochschule, Datum des Diploms	Dissertation. Titel, Verlag, bezw. Zeitschrift, Referent u. Korreferent	Mündliche Prüfung. Datum	Prädikat.	Datum des Doktor-Ingenieur-Diploms.

Für die Berechnungen wurde in Übereinstimmung mit der Bibliographie an Stelle des Studienjahres das Kalenderjahr als Grundlage gewählt und ebenso war für die Einreihung der Promotionen in die einzelnen Jahre das Datum des Doktordiploms maßgebend.

Ermittelt wurde, gesondert nach Reichsangehörigen und Ausländern:

    I. Die Verteilung der Promotionen auf die Kalenderjahre 1900 bis 1910.

    II. Das Alter der Doktoranden bei der Promotion (verteilt auf 10 Altersstufen).

    III. Die Art der abgeschlossenen Mittelschulbildung (Gymnasium, Realgymnasium, Oberrealschule und Andere).

    IV. Ob die höhere Fachbildung ausschließlich auf Technischen und sonstigen Hochschulen oder zugleich auf Universitäten oder ausschließlich auf letzteren erworben wurde.

8

I. Übersichten über die erfolgten Doktor-Ingenieur-Promotionen.

V. Die Fachrichtung der Diplom- bezw. der als gleichwertig anerkannten Prüfung (Staatsprüfung als Bauführer, Baumeister, Bergassessor, Lehramtsprüfung usw.).

VI. Der Jahresabstand zwischen der Diplom- bezw. der ihr gleichgestellten Prüfung und der Doktorprüfung (verteilt auf 9 Stufen).

VII. Ob die Diplom- bezw. die ihr gleichgestellte Prüfung und die Doktorprüfung an derselben Hochschule oder an verschiedenen Hochschulen usw. abgelegt wurden.

VIII. Das Ergebnis der Doktorprüfung (geschieden nach den 3 zulässigen Prädikaten).

Die Ergebnisse der Berechnungen sind für die 10 in Frage kommenden Hochschulen Aachen, Berlin, Braunschweig, Danzig, Darmstadt, Dresden, Hannover, Karlsruhe, München und Stuttgart in der großen Tabelle vereinigt. Sie sollen nachfolgend zu kleineren Übersichten zusammengefaßt und durch entsprechende Gruppierung in ihrem Vergleichswerte deutlicher gemacht werden. Dabei sollen jedoch nur die Zahlen selbst ohne weitergehende Schlüsse mitgeteilt werden. Die angewandten Abkürzungen für die Hochschulen sind dieselben wie früher.

I. Die Gesamtzahl der Promotionen zeigt, mit Ausnahme eines kleinen Rückganges zwischen 1903 und 1904, von Jahr zu Jahr ein stetiges Anwachsen, sie stieg von 5 im Jahre 1900 auf 238 im Jahre 1910.

Die ersten Promotionen fanden in Dresden 1900, dem Jahre des Erlasses der dortigen Promotionsordnung statt. Als letzte der alten Hochschulen folgte 1902 Darmstadt. Die jüngste der für unsern Zeitraum in Betracht kommenden Hochschulen, Danzig (eröffnet 1904), promovierte die ersten Doktor-Ingenieure 1906.

Tab. 1 stellt die ersten Promotionen der einzelnen Hochschulen in zeitlicher Folge zusammen.

Hochschule	Datum des Doktor-Ingenieur-Diploms	Fachrichtung	Nr der Bibliographie
Dr	18. 7. 00	Chemie	197
S	22. 2. 01	Bauingenieurwesen	856
H	5. 6. 01	Chemie	218
Be	14. 6. 01	Chemie Chemie Hüttenfach	200 207 1220
K	1. 7. 01	Chemie	202
M	8. 7. 01	Chemie	215 221 543
Brn	23. 7. 01	Chemie	212
A	27. 7. 01	Chemie	214
Dst	8. 3. 02	Architektur Elektrotechnik	794 1106
Dz	19. 7. 06	Elektrotechnik	112

Tab. 1.

Die Gesamtzahl der bis Ende 1910 erfolgten Promotionen beträgt 1274, ihre Verteilung auf die einzelnen Hochschulen zeigt Tab. 2.

I. Übersichten über die erfolgten Doktor-Ingenieur-Promotionen.

Zahl der Promotionen		M	Dr	Be	K	H	A	Brn	Dst	S	Dz	Zus.
1900—1910	absol.	285	242	188	135	115	77	72 = 72		62	26	1274
	%	22,3	19,0	14,7	10,7	9,1	6,1	5,6 = 5,6		4,8	2,1	100,0

Tab. 2.

München allein promovierte sonach etwa $^1/_4$, Dresden nahezu $^1/_5$ aller Doktor-Ingenieure. Der Vorrang Münchens erklärt sich durch die große Ausdehnung der zur Promotion zugelassenen Studienrichtungen, zu denen neben der Landwirtschaft auch eine Reihe von Fächern des höheren Lehramts (Mathematik und Physik; Chemie; Naturgeschichte; Geschichte, Geographie und deutsche Sprache) gehören. Zieht man allein die 5 technischen Hauptfächer (Architektur, Bauingenieurwesen, Maschinenbau, Elektrotechnik und Chemie) in Betracht, so behauptet Dresden mit 218 Promotionen den Vorrang vor München mit 208 Promotionen. An dritter Stelle folgt dann für die gleichen Fächer Berlin mit 138 Promotionen.

Hinsichtlich der Verteilung der Promotionen über die einzelnen Jahre und innerhalb dieser auf die Hochschulen sei auf die große Tabelle verwiesen.

II. Die Zahlen für das Alter der Doktoranden bei der Promotion sind in der Haupttabelle in folgende 6 Altersstufen zusammengefaßt: bis einschl. 25 Jahre, 26—30, 31—35, 36—40, 40—50 und über 50 Jahre. 636 (50 %) Bewerber (für Aachen sogar 63,5 %, für Stuttgart dagegen nur 25,8 %) entfallen auf die Stufe von 26—30 Jahren, promovierten also bald nach vollendetem Studium. Diese Stufe zusammen mit der ersten (bis 25 Jahre: insgesamt 380 oder 29,8 %, für Stuttgart 54,9 %, für Aachen dagegen nur 15,6 %) umfaßt nahezu $^4/_5$ aller Bewerber. Der Rest von 20 % verteilt sich in rasch absteigender Folge auf die höheren Altersstufen, wobei immerhin noch 9 Bewerber (0,7 %) über 50 Jahre alt waren.

Der jüngste Doktor-Ingenieur (Stuttgart, Fachrichtung Chemie, Nr. 253 der Bibliographie) war bei der Promotion 21 Jahre alt, der älteste (Hannover, Fachrichtung Bauingenieurwesen, Nr. 741 der Bibliographie) stand im 61. Lebensjahre.

Das Alter der ältesten Doktor-Ingenieure der einzelnen Hochschulen zeigt Tab. 3.

Hochschule	Dz	K	A	Brn	Dr	Dst	Be	M	S	H
Jahre	33	41	42	43	44	54	56 = 56 =· 56			61

Tab. 3.

III. Die Ergebnisse hinsichtlich der Mittelschulbildung der Doktoranden sind in den Tab. 4 und 4a zusammengestellt.

Tab. 4 gibt zunächst den absoluten und relativen Anteil der einzelnen Anstalten an der Gesamtzahl der Promotionen, geordnet nach Hochschulen in absteigender Folge. Der Anteil der Gymnasialbildung (497 oder 39,0 %) übertrifft sonach denjenigen sowohl der Realgymnasial- (319 oder 25,0 %) als der Oberrealschulbildung (392 oder 30,8 %). Die beiden Realanstalten zusammen (711 oder 55,8 %) sind dagegen dem Gymnasium überlegen. Das letztere gilt

8*

auch für die einzelnen Hochschulen mit Ausnahme von Danzig, wo sie sich das Gleichgewicht halten. Das Gymnasium steht im übrigen von den Mittelschulen an erster Stelle für Aachen, Berlin, Braunschweig, Danzig, Darmstadt, Hannover und Karlsruhe, das Realgymnasium für Dresden, die Oberrealschule für München und Stuttgart.

Es besuchten		M	Be	Dr	K	H	A	Dst	Brn	S	Dz	Zus.
Gymnasium	absol.	92	85	84	58	54	33	32	29	17	13	497
	%	18,5	17,1	16,9	11,7	10,9	6,7	6,4	5,8	3,4	2,6	100,0
		Dr	Be	H	K	A	Dst	Brn	M	S	Dz	
Realgymnasium	absol.	101	54	41	32	21	20	16 = 16		13	5	319
	%	31,7	16,9	12,8	10,0	6,6	6,3	5,0 = 5,0		4,1	1,6	100,0
		M	Be	K	S	Dr	A	Dst	H	Brn	Dz	
Oberrealschule	absol.	168	48	34	31	24	20 = 20 = 20			19	8	392
	%	42,9	12,2	8,7	7,9	6,1	5,1 = 5,1 = 5,1			4,9	2,0	100,0
		Dr	K	M	Brn	A	Be	S	—	—	—	
Andere	absol.	33	11	9	8	3	1	1	—	—	—	66
	%	50,0	16,7	13,6	12,1	4,6	1,5	1,5	—	—	—	100,0

Tab. 4.

Tab. 4a zeigt den relativen Anteil der Mittelschulen an den Promotionen der einzelnen Hochschulen in absteigender Folge.

Es besuchten		Dz	H	Be	Dst	A	K	Brn	Dr	M	S	Überhaupt
Gymnasium	%	50,0	47,0	45,0	44,4	43,0 = 43,0		40,2	34,8	32,6	27,4	39,0
		Dr	H	Be	Dst	A	K	Brn	S	Dz	M	
Realgymnasium	%	41,8	35,7	28,8	27,8	27,0	23,7	22,2	21,0	19,2	5,6	25,0
		M	S	Dz	Dst	Brn	A	Be	K	H	Dr	
Oberrealschule	%	59,0	50,0	30,8	27.8	26,4	26,0	25,6	25,2	17,3	9,8	30,8
		Dr	Brn	K	A	M	S	Be	—	—	—	
Andere	%	13,6	11,2	8,1	4,0	3,1	1,6	0,6	—	—	—	5,2

Tab. 4a.

Von den Danziger Doktor-Ingenieuren hatten also 50 % Gymnasial-, 19,2 % Realgymnasial- und 30,8 % Oberrealschulbildung; von den Dresdener Doktoranden hatten 34,8 % ein Gymnasium, 41,8 % ein Realgymnasium, 9,8 % eine Oberrealschule und 13,6 % andere Anstalten besucht usw.

— 116 —

IV. Nach Ausweis der Haupttabelle haben 1071 oder 84 % aller Doktor-Ingenieure ihre höhere Fachbildung auf Technischen und sonstigen Hochschulen erworben. Von dem Rest (203 oder 16 %) haben 187 (14,7 %) außerdem die Universität besucht, darunter 122 (9,6 %) der Fachrichtung Chemie; 16 oder 1,3 % (ausschließlich Münchener Doktoranden) haben nur die Universität besucht.

Die Tab. 5 und 5a ordnen in derselben Weise wie 4 und 4a die diesbezüglichen absoluten und relativen Zahlen für die einzelnen Hochschulen in absteigender Folge.

Es besuchten		M	Dr	Be	K	H	A	Dst	Brn	S	Dz	Zus.
nur Technische und sonstige Hochschulen	absol.	222	214	167	103	102	65	60	59	56	23	1071
	%	20,6	20,0	15,6	9,6	9,5	6,1	5,6	5,5	5,3	2,2	100,0

Es besuchten		M	K	Dr	Be	Brn	H	A	Dst	S	Dz	
außerdem oder nur Universitäten	absol.	63	32	28	21	13 = 13		12 = 12		6	3	203
	%	31,0	15,8	13,8	10,3	6,4 = 6,4		5,9 = 5,9		3,0	1,5	100,0

Tab. 5.

Es besuchten		S	Be	H	Dz	Dr	A	Dst	Brn	M	K	Überhaupt
nur Technische und sonstige Hochschulen	%	90,3	88,8	88,7	88,5 = 88,5		84,4	83,3	82,0	77,9	76,3	84,0

Es besuchten		K	M	Brn	Dst	A	Dz	Dr	H	Be	S	
außerdem oder nur Universitäten	%	23,7	22,1	18,0	16,7	15,6	11,5 = 11,5		11,3	11,2	9,7	16,0

Tab. 5a.

V. Die Zahl der in Frage stehenden Fachrichtungen der Diplomprüfung (bezw. der ihr für die Zulassung zur Promotion gleichgestellten Prüfungen) beträgt im ganzen 21. Zu beachten ist, daß, wie spätere Tabellen (8 u. 8a) zeigen werden, die Diplom- und Doktorprüfungen im einzelnen Fall nicht immer an den gleichen Hochschulen abgelegt wurden. So erklärt es sich, daß z. B. ein Diplom-Ingenieur der Fachrichtung Schiffbau unter Dresden, das eine solche Fachrichtung nicht kennt, aufgeführt wird, ein Diplom-Ingenieur der Fachrichtung Hüttenkunde unter Hannover usw. Dagegen gehörten in diesen und einigen anderen Fällen die Themen der Doktorarbeit naturgemäß solchen Fachgebieten an, die an den betreffenden Hochschulen vertreten sind. Mehrfach kommt es übrigens auch vor, daß Doktoranden auf Grund einer Arbeit promovierten, deren Fachrichtung von derjenigen ihrer Diplom-Prüfung verschieden ist.

Den Anteil der einzelnen Fachrichtungen an den Promotionen ordnet Tab. 6 in absteigender Folge.

Auf die Diplom-Ingenieure der Fachrichtung Chemie entfallen sonach nicht viel weniger als die Hälfte aller Promotionen; in weitem Abstand folgen die Diplom-Ingenieure des Maschinenbaues mit nahezu $^1/_5$ und hinter diesen in weitem Abstand alle anderen Fachrichtungen.

— 117 —

I. Übersichten über die erfolgten Doktor-Ingenieur-Promotionen.

Es entfielen auf die Fachrichtung der Diplomprüfung	1.	2.	3.	4.	5.	6.	7.	8.	9.	10.	11.	12.	13.	14.	15.	16.	17.	18.	19.	20.	21.	22.
	Chemie	Maschineningenieurwesen	Elektrotechnik	Architektur (Hochbau)	Bauingenieurwesen	Hüttenkunde	Bergbau u. Markscheidekunst	Lehramt der Chemie	Lehramt der Mathematik und Physik	Lehramt der Naturgeschichte	Lehramt der deutschen Sprache, Geschichte und Geographie	Landwirtschaft	Schiffbau	Fabrikbetrieb	Vermessungswesen	Schiffsmaschinenbau	Verwaltung	Forstwesen	Russ. Ingenieur-Technolog	Kulturtechnik	Textilindustrie	Zusammen
absol.	552	230	100	96	90	69	24	15	14	13	13	11	9	9	8	7	3	3	2	1	1	1274
%	43,3	18,0	7,9	7,5	7,0	5,4	1,9	1,2	1,1	1,0	1,0	0,9	0,7	0,7	0,6	0,6	0,2	0,2	0,2	0,1	0,1	100,0

(Über den Spalten 6 und 7 eine Klammer mit „5" bzw. „0,4".)

Tab. 6.

Auf die Diplom-Ingenieure der 6 Hauptfachrichtungen (Architektur, Bauingenieurwesen, Maschinenbau, Elektrotechnik, Chemie und Hüttenkunde) entfallen insgesamt 1137 (89,1 %) Promotionen.

Für diese 6 Fachrichtungen sind in den Tab. 6a, 6b und 6c noch einige weitere Zusammenstellungen gemacht.

Architektur (Hochbau)

Fachrichtung der Diplomprüfung	Dr	H	Dz	K	Be	Dst	M	A	Brn	S	Zus.
absol.	40	16	8	8	7	7	5	2	2	1	96
%	41,7	16,7	8,3	8,3	7,3	7,3	5,2	2,1	2,1	1,0	100,0

Bauingenieurwesen

	Dr	Be	Brn	Dst	H	S	M	K	A	Dz	Zus.
absol.	24	13	10	10	9	8	7	6	2	1	90
%	26,6	14,5	11,1	11,1	10,0	8,9	7,8	6,7	2,2	1,1	100,0

Maschineningenieurwesen

	Be	M	Dr	H	K	Dst	S	Brn	A	Dz	Zus.
absol.	68	31	30	27	18	17	14	12	7	6	230
%	29,6	13,5	13,0	11,8	7,8	7,4	6,1	5,2	3,0	2,6	100,0

Elektrotechnik

	H	K	M	Dst	Be	Brn	A	Dr	Dz	—	Zus.
absol.	17	17	16	13	10	10	6	6	5	—	100
%	17,0	17,0	16,0	13,0	10,0	10,0	6,0	6,0	5,0	—	100,0

Chemie

	M	Dr	K	H	Be	Brn	S	Dst	A	Dz	Zus.
absol.	148	118	83	45	41	37	37	25	13	5	552
%	26,8	21,4	15,0	8,2	7,4	6,7	6,7	4,5	2,4	0,9	100,0

Hüttenkunde

	A	Be	Dr	M*	H	—	—	—	—	—	Zus.
absol.	32	31	5	5	1	—	—	—	—	—	74
%	43,2	41,9	6,8	6,8	1,3	—	—	—	—	—	100,0

* einschließl. Bergbau

Tab. 6a.

An erster Stelle steht sonach in Architektur und Bauingenieurwesen Dresden, im Maschinenbau Berlin, in Elektrotechnik Hannover, in Chemie München und in Hüttenkunde Aachen.

Fachrichtung der Diplom-Prüfung		Dz	Dr	H	Dst	K	Be	Brn	A	M	S	Überhaupt
Architektur (Hochbau)	%	30,8	16,5	14,0	9,7	5,9	3,5	2,7	2,6	1,8	1,6	7,5
		Brn	Dst	S	Dr	H	Be	K	Dz	A	M	
Bauingenieurwesen	%	13,9 = 13,9	12,9	9,9	7,8	6,9	4,4	3,8	2,6	2,4	7,0
		Be	Dst	H	Dz	S	Brn	K	Dr	M	A	
Maschineningenieurwesen	%	36,2	23,6	23,5	23,0	22,6	16,7	13,3	12,4	10,9	9,1	18,0
		Dz	Dst	H	Brn	K	A	M	Be	Dr	S	
Elektrotechnik	%	19,4	18,0	14,8	13,9	12,6	7,8	5,6	5,3	2,4	—	7,9
		K	S	M	Brn	Dr	H	Dst	Be	Dz	A	
Chemie	%	61,5	59,7	52,0	51,4	48,8	39,0	34,8	21,8	19,4	16,9	43,3
		A	Be	Dr	M*	H	—	—	—	—	—	
Hüttenkunde	%	41,6	16,5	2,0	1,8	0,9	—	—	—	—	—	5,4

* einschl. Bergbau

Tab. 6b.

Berlin und Aachen behaupten also auch relativ ihren Vorrang in Maschinenbau und Hüttenkunde. Dagegen ersetzt an erster Stelle Danzig in Architektur Dresden und in Elektrotechnik Hannover, Braunschweig in Bauingenieurwesen Dresden und Karlsruhe in Chemie München.

		1.	2.	3.	4.	5.	6.	7.
		Hüttenkunde	Bergbau	Chemie	Maschinenbau	Elektrotechnik	Architektur	Bauing.
A	absol.	32	14	13	7	6	2 =	2
	%	41,6	18,2	16,9	9,1	7,8	2,6 =	2,6
		Maschinenbau	Chemie	Hüttenkunde	Bauing.	Elektrotechnik	Schiffbau	Architektur
Be	absol.	68	41	31	13	10	8	7
	%	36,2	21,8	16,5	6,9	5,3	4,3	3,5
		Chemie	Maschinenbau	Bauing.	Elektrotechnik	Architektur	Textilindustrie	—
Brn	absol.	37	12	10 =	10	2	1	—
	%	51,4	16,7	13,9 =	13,9	2,7	1,4	—

		1.	2.	3.	4.	5.	6.	7.
		Architektur	Maschinenbau	Elektrotechnik	Chemie	Bauing.	Bergbau	—
Dz	absol.	8	6	5	= 5	1	= 1	—
	%	30,8	23,0	19,4	= 19,4	3,7	= 3,7	—
		Chemie	Maschinenbau	Elektrotechnik	Bauing.	Architektur	—	—
Dst	absol.	25	17	13	10	7	—	—
	%	34,8	23,6	18,0	13,9	9,7	—	—
		Chemie	Architektur	Maschinenbau	Bauing.	Fabrikbetrieb	Bergbau	—
Dr	absol.	118	40	30	24	9	8	—
	%	48,8	16,5	12,4	9,9	3,6	3,2	—
		Chemie	Maschinenbau	Elektrotechnik	Architektur	Bauing.	Hüttenkunde	—
H	absol.	45	27	17	16	9	1	—
	%	39,0	23,5	14,8	14,0	7,8	0,9	—
		Chemie	Maschinenbau	Elektrotechnik	Architektur	Bauing.	Forstwesen	—
K	absol.	83	18	17	8	6	3	—
	%	61,5	13,3	12,6	5,9	4,4	2,3	—
		Chemie	Maschinenbau	Elektrotechnik	Lehramt der Chemie	Lehramt der Mathematik und Physik	Lehramt der Naturgeschichte	Lehramt der deutschen Sprache, Geschichte und Geographie
M	absol.	148	31	16	15	14	13	= 13
	%	52,0	10,9	5,6	5,3	4,9	4,5	= 4,5
		Chemie	Maschinenbau	Bauing.	Architektur	Berghau	Vermessungswesen	—
S	absol.	37	14	8	1	= 1	= 1	—
	%	59,7	22,6	12,9	1,6	= 1,6	= 1,6	—

Tab. 6c.

An 7 Hochschulen (Braunschweig, Darmstadt, Dresden, Hannover, Karlsruhe, München und Stuttgart) stehen sonach die Diplom-Ingenieure der Chemie an erster Stelle, an je einer diejenigen der Hüttenkunde (Aachen), des Maschinenbaues (Berlin) und der Architektur (Danzig).

VI. Die Zahlen für den zeitlichen Abstand zwischen der Diplom- (bezw. der ihr gleichgestellten) und der Doktorprüfung sind zur Erleichterung der Übersicht auf folgende 9 Stufen verteilt worden: bis $\frac{1}{2}$ Jahr, $\frac{1}{2}$—1 Jahr, 1—2,

2—3, 3—5, 5—7, 7—10, 10—15 und über 15 Jahre. Für die Einzelheiten sei auf die Haupttabelle verwiesen.

Die Gesamtzahl der Doktoranden mit einem Abstand zwischen beiden Prüfungen bis zu einem Jahre beträgt nahezu $^1/_5$ (236 oder 18,5 %), darunter 90 (7,0 %) mit einem Abstand bis zu $^1/_2$ Jahr. Bei den letzteren sinkt dieser zeitliche Unterschied mehrfach auf ungefähr Null herab, indem die beiden Prüfungen unmittelbar hintereinander abgelegt wurden. In dieser Stufe überwiegen die Chemiker.

Nahezu die Hälfte aller Doktoranden (632 oder 49,6 %) hat zwischen dem ersten und dritten Jahr nach abgelegter Diplom-Prüfung promoviert. Zwischen dem dritten und fünften Jahr sind es noch 211 oder 16,6 %. Dann nehmen die Zahlen rasch ab. Immerhin liegt noch für 20 Doktoranden (1,6 %) zwischen beiden Prüfungen ein Zeitraum von über 15 Jahren.

Der größte Jahresabstand von 35 Jahren entfällt auf eine Stuttgarter Promotion. Der betreffende Doktorand (Nr. 922 der Bibliographie) promovierte 1910, nachdem ihm auf Grund der 1875 abgelegten ersten württembergischen Staatsprüfung im Baufach 1909 der Grad eines Diplom-Ingenieurs zuerkannt worden war. An dem größten Jahresabstand gemessen, ergibt sich für die Hochschulen die in absteigender Folge geordnete Tabelle 7.

Der größte Jahresabstand zwischen Diplom- und Doktorprüfung betrug	S	Be	Dst	M	H	Dr	A	Brn	K	Dz
Jahre	35	$32^1/_4$	$30^2/_3$	30	27	20	$16^3/_4$	16	$12^3/_4$	10

Tab. 7.

VII. Die überwiegende Zahl aller Doktor-Ingenieure (1088 oder 85,4 %) hat Diplom- und Doktorgrad an derselben Hochschule und nur ein kleiner Rest (186 oder 14,6 %) hat diese Grade an verschiedenen Hochschulen erworben.

Die Tab. 8 und 8a ordnen in der früheren Weise die absoluten und relativen Anteile der einzelnen Hochschulen in eine absteigende Reihe.

Es erwarben Diplom- und Doktor-Ingenieur-Grad		M	Dr	Be	K	H	S	Dst	Brn	A	Dz	Zus.
an derselben Hochschule	absol.	275	199	167	118	101	59	55	54	50	10	1088
	%	25,3	18,3	15,4	10,9	9,3	5,4	5,0	4,9	4,6	0,9	100,0
		Dr	A	Be	Brn	Dst	K	Dz	H	M	S	
an verschiedenen Hochschulen	absol.	43	27	21	18	17 = 17	16	14	10	3		186
	%	23,1	14,5	11,3	9,7	9,1 = 9,1	8,6	7,5	5,4	1,7		100,0

Tab. 8.

Es erwarben Diplom- und Doktor-Ingenieur-Grad		M	S	Be	H	K	Dr	Dst	Brn	A	Dz	Überhaupt
an derselben Hochschule	%	96,5	95,2	88,8	87,8	87,4	82,2	76,4	75,0	65,0	38,5	85,4
		Dz	A	Brn	Dst	Dr	K	H	Be	S	M	
an verschiedenen Hochschulen	%	61,5	35,0	25,0	23,6	17,8	12,6	12,2	11,2	4,8	3,5	14,6

Tab. 8a.

Für München steigt sonach der Anteil der Münchener Diplom-Ingenieure an den dortigen Doktorpromotionen auf 96,5%, während in Danzig nur 38,5% Danziger Diplom-Ingenieure promovierten.

VIII. Mit Bezug auf die Prüfungsergebnisse zeigt die Haupttabelle, daß etwas über die Hälfte der Doktoranden (671 oder 52,7%) das Prädikat »Gut« erzielte; die übrigen teilen sich zu etwa gleichen Hälften in die beiden anderen Prädikate: 306 (24,0%) bestanden »mit Auszeichnung«, 297 (23,6%) erhielten das Prädikat »Bestanden«.

Die Tab. 9 und 9a ordnen in der früheren Weise die absoluten und relativen Zahlen für die einzelnen Prädikate und Hochschulen in eine absteigende Reihe.

Ergebnis der Doktorprüfung		Dr	M	Be	K	H	Brn	Dst	S	A	Dz	Zus.
Mit Auszeichnung	absol.	92	56	46	22	21	19 = 19		13	11	7	306
	%	30,1	18,3	15,0	7,2	6,9	6,2 = 6,2		4,2	3,6	2,3	100,0
		M	Dr	Be	K	H	A	Brn	Dst	S	Dz	
Gut	absol.	179	113	92	78	57	47	36	32	29	8	671
	%	26,7	16,8	13,7	11,6	8,5	7,0	5,4	4,8	4,3	1,2	100,0
		Be	M	Dr	H	K	Dst	S	A	Brn	Dz	
Bestanden	absol.	50 = 50		37 = 37		35	21	20	19	17	11	297
	%	16,8 = 16,8		12,5 = 12,5		11,8	7,1	6,7	6,4	5,7	3,7	100,0

Tab. 9.

Ergebnis der Doktorprüfung		Dr	Dz	Brn	Dst	Be	S	M	H	K	A	Überhaupt
Mit Auszeichnung	%	38,0	26,9	26,4 = 26,4		24,4	21,0	19,7	18,3	16,3	14,3	.24,0
		M	A	K	Brn	H	Be	S	Dr	Dst	Dz	
Gut	%	62,8	61,0	57,8	50,0	49,6	49,0	46,8	46,7	44,5	30,8	52,7
		Dz	S	H	Dst	Be	K	A	Brn	M	Dr	
Bestanden	%	42,3	32,2	32,1	29,1	26,6	25,9	24,7	23,6	17,5	15,3	23,3

Tab. 9a.

Dresden verteilte sonach absolut wie relativ die meisten Auszeichnungen, München absolut wie relativ die meisten Prädikate »Gut«; für das Prädikat »Bestanden« steht absolut Berlin, relativ Danzig an erster Stelle.

IX. Es ist nicht uninteressant zu sehen, welchen Anteil die Einzelstaatsangehörigen an den Promotionen ihrer Landeshochschulen haben. Tab. 10 stellt diese Zahlen zusammen.

In München haben sonach 219 Bayern promoviert, die 89,1% der an dieser Hochschule promovierten Reichsdeutschen ausmachten usw. Man ersieht aus der Tabelle, daß an den Hochschulen der 4 Königreiche deren Staatsangehörige weitaus überwiegen, daß dagegen die Hochschulen der anderen Einzelstaaten nur zu einem geringen Teile eigene Staatsangehörige promovierten.

I. Übersichten über die erfolgten Doktor-Ingenieur-Promotionen.

Von den reichsdeutschen Doktoranden promovierten auf ihren Landeshochschulen	M (Bayern)	Dr (Sachsen)	Be (Preußen)	H (Preußen)	A (Preußen)	S (Württemberger)	K (Badener)	Dst (Hessen)	Brn (Braunschweiger)	Dz (Preußen)
absolut	219	143	128	84	57	53	28	24	16	14
	S (Württemberger)	M (Bayern)	Be (Preußen)	A (Preußen)	H (Preußen)	Dr (Sachsen)	Dz (Preußen)	Dst (Hessen)	K (Badener)	Brn (Braunschweiger)
% der Reichsdeutschen der betreff. Hochschulen	89,9	89,1	82,5	81,5	77,8	68,2	63,7	36,4	30,8	29,1

Tab. 10.

X. Was zum Schluß den Anteil der Ausländer an den Promotionen betrifft, so betrug ihre Gesamtzahl 195 oder 15,3 %.

Die Tab. 11 und 11a stellen wieder in der bisherigen Weise den absoluten und relativen Anteil der einzelnen Hochschulen in absteigender Folge zusammen.

Es promovierten		K	M	Dr	Be	Brn	A	H	Dst	Dz	S	Zus.
Ausländer	absol.	44	39	35	33	17	7 = 7	6	4	3	195
	%	22,6	20,0	17,9	16,9	8,7	3,6 = 3,6	3,1	2,1	1,5	100,0

Tab. 11.

Karlsruhe steht sonach mit 44 (22,6 %) Ausländern an der Spitze, während Stuttgart nur 3 (1,5 %) promovierte.

Von den Doktor-Ingenieuren der betreff. Hochschulen waren		K	Brn	Be	Dz	Dr	M	A	Dst	H	S	Überhaupt
Ausländer	%	32,6	23,6	17,5	15,4	14,5	13,7	9,1	8,3	6,1	4,8	15,3

Tab. 11a.

Auch hier steht Karlsruhe mit 32,6 % Ausländern unter seinen Doktor-Ingenieuren an erster, Stuttgart mit 4,8 % an letzter Stelle.

Für Karlsruhe ist zugleich die Zahl der unter den Ausländern vertretenen Nationalitäten mit 17 die größte, während Danzig an letzter Stelle nur 2 Nationalitäten zählt. Im ganzen sind 23 verschiedene Nationalitäten vertreten, die an den Promotionen wie folgt beteiligt sind:

Oesterreich-Ungarn	85	Japan	2
Rußland (einschl. Finnland)	40	Chile	2
Schweiz	15	Frankreich	1
Rumänien	9	Dänemark	1
Holland	7	Türkei	1
Norwegen	6	Canada	1
Vereinigte Staaten von Amerika	6	Cuba	1
Luxemburg	4	Uruguay	1
Schweden	3	Argentinien	1
Südafrika	3	Indien	1
England	2	Australien	1
Belgien	2		

Additional information of this book

(Bibliographie der an den deutschen technischen Hochschulen erschienenen Doktor-Ingenieur-Dissertationen in sachlicher Anordnung. 1900-1910.); 978-3-642-90519-3) is provided:

http://Extras.Springer.com

II.

1. Promotionsordnung für die Erteilung der Würde eines Doktor-Ingenieurs durch die Technischen Hochschulen Preußens [1]).

Vom 19. Juni 1900 [2]).

Nachdem durch den Allerhöchsten Erlaß vom 11. Oktober 1899 [3]) den Technischen Hochschulen das Recht beigelegt worden ist, die Würde eines Doktor-Ingenieurs (abgekürzte Schreibweise und zwar in deutscher Schrift: $\mathfrak{Dr}$.-$\mathfrak{Ing}$.) zu verleihen, wird in Ausführung dieses Erlasses hierdurch bestimmt, was folgt:

§ 1.

Die Promotion zum Doktor-Ingenieur ist an folgende von dem Bewerber zu erfüllende Bedingungen geknüpft:

1. Die Beibringung des Reifezeugnisses eines Deutschen Gymnasiums oder Realgymnasiums oder einer Deutschen Oberrealschule.

Welche Reifezeugnisse noch sonst als gleichwertig mit den vorbezeichneten Reifezeugnissen zuzulassen sind, bleibt der Entschließung des vorgeordneten Ministeriums vorbehalten.

2. Den Ausweis über die Erlangung des Grades eines Diplom-Ingenieurs nach Maßgabe der Bestimmungen, welche das vorgeordnete Ministerium hierüber erlassen wird [4]).

---

[1]) Die nachfolgenden Anmerkungen enthalten die wesentlichen Abweichungen der Promotionsordnungen der übrigen Hochschulen mit Ausnahme derjenigen Münchens, die hierunter im Wortlaute wiedergegeben ist. Ein vollständiger Abdruck sämtlicher Promotionsordnungen findet sich in den »Bestimmungen für die Technischen Hochschulen in Deutschland«. Halle a. S.: Waisenhaus 1904.

[2]) Braunschw. 18. 10. 1900. Darmst. 18. 6. 1900. Dresd. 29. 5. 1900. Karlsr. 28. 6. 1900. Stuttg. 7. 8. 1900.

[3]) Braunschw. 8. 5. 1900. Darmst. 25. 11. 1899. Dresd. 12. 1. 1900. Karlsr. 28. 12. 1899. Stuttg. 22. 1. 1900.

[4]) § 1 Abs. 2 lautet für

Dresden: Den Ausweis über die Erlangung des Grades eines Diplomingenieurs an der hiesigen Technischen Hochschule in Gemäßheit der Bekanntmachung vom 12. Januar 1900 oder an einer anderen deutschen Technischen Hochschule, auf welche sich die Vereinbarung der deutschen Unterrichtsverwaltungen, betreffend die Erteilung der Würde eines Doktoringenieurs und eines Diplomingenieurs durch die Technischen Hochschulen erstreckt. Ob und inwieweit

    a) technische Staatsprüfungen in den deutschen Bundesstaaten,

    b) Diplomprüfungen, die an einer der von der obengedachten Vereinbarung berührten Technischen Hochschulen auf Grund der bisherigen Diplomprüfungsordnungen,

3. Die Einreichung einer in Deutscher Sprache abgefaßten wissenschaftlichen Abhandlung (Dissertation), welche die Befähigung des Bewerbers zum selbständigen wissenschaftlichen Arbeiten auf technischem Gebiete dartut. Dieselbe muß einem Zweige der technischen Wissenschaften angehören, für welchen eine Diplomprüfung an der Technischen Hochschule besteht [5]).

Die Diplomarbeit kann nicht als Doktordissertation verwendet werden.

4. Die Ablegung einer mündlichen Prüfung.

5. Die Entrichtung einer Prüfungsgebühr im Betrage von 240 Mk [6]).

§ 2.

Das Gesuch um Verleihung der Würde eines Doktor-Ingenieurs ist schriftlich an Rektor und Senat zu richten. Dem Gesuche sind beizufügen:

a) Ein Abriß des Lebens- und Bildungsganges des Bewerbers.

b) Die Schriftstücke in Urschrift, durch welche der Nachweis der Erfüllung der in § 1, Ziffer 1 und 2 genannten Bedingungen zu erbringen ist.

c) Die Dissertation mit einer eidesstattlichen Erklärung, daß der Bewerber sie, abgesehen von den von ihm zu bezeichnenden Hilfsmitteln, selbständig verfaßt hat.

d) Ein amtliches Führungszeugnis.

Gleichzeitig ist die Hälfte der Prüfungsgebühr als erster Teilbetrag an die Kasse der Hochschule einzuzahlen.

> c) Diplom- und sonstige Prüfungen, die an einer von dieser Vereinbarung nicht berührten Technischen Hochschule abgelegt worden sind, als Ersatz für die Erlangung der Würde eines Diplomingenieurs in Gemäßheit der obigen Festsetzung angesehen werden können, bestimmt das Kgl. Ministerium des Kultus und öffentlichen Unterrichts.
>
> Karlsruhe: Nach Erlaß Großh. Ministeriums der Justiz, des Kultus und Unterrichts vom 28. Juni 1900 sind alle diejenigen zur Promotion zuzulassen, denen seitens der Technischen Hochschule Karlsruhe oder seitens einer der an der Vereinbarung über die Promotionsordnung beteiligten deutschen Technischen Hochschulen der Grad eines Diplomingenieurs erteilt worden ist, oder welche früher an der Technischen Hochschule Karlsruhe eine Diplomprüfung abgelegt haben.
>
> Für solche, welche eine Diplomprüfung an einer anderen Hochschule oder eine Staatsprüfung abgelegt haben, kann in geeigneten Fällen auf näher begründeten Antrag des Senates die Zulassung durch Entschließung des Unterrichtsministeriums erfolgen.
>
> Stuttgart: Den Ausweis über die Erlangung des Grades eines Diplomingenieurs, worüber die näheren Bestimmungen vorbehalten bleiben. Bis auf weiteres gelten als Ersatz für die Erlangung des Grades eines Diplomingenieurs die Erstehung
>
> > a) der Diplomprüfung an den Abteilungen für Architektur, Bauingenieurwesen, Maschineningenieurwesen und chemische Technik an der Technischen Hochschule in Stuttgart,
> >
> > b) der geodätischen Diplomprüfung an der Technischen Hochschule in Stuttgart,
> >
> > c) der ersten württembergischen Staatsprüfung im Baufache.
>
> Über die etwaige Gleichwertigkeit sonstiger Prüfungen wird das Ministerium im einzelnen Fall die erforderliche Entscheidung treffen.

[5]) Für Karlsruhe blieb nach einem Erlaß des Großh. Ministeriums der Justiz, des Kultus und Unterrichts vom 28. Juni 1900 das Recht der Doktorpromotion zunächst auf die Abteilungen für Architektur, Ingenieurwesen, Maschinenwesen, Elektrotechnik und Chemie beschränkt. Diese Beschränkung ist später weggefallen und auch der allgemeinen Abteilung sowie der Abteilung für Forstwesen das Promotionsrecht zuerkannt worden.

[6]) Darmstadt: Für Ausländer 400 Mk.

§ 3.

Rektor und Senat überweisen das Gesuch, falls sich keine Bedenken ergeben, an das Kollegium derjenigen Abteilung, in deren Lehrgebiet der in der Dissertation behandelte Gegenstand vorzugsweise einschlägt, mit dem Auftrage, aus seiner Mitte eine Prüfungskommission mit einem Vorsitzenden, einem Referenten und einem Korreferenten zu bestellen.

In besonderen Fällen kann auch ein Dozent, welcher dem Abteilungskollegium nicht angehört, oder ein Professor oder Dozent einer anderen Abteilung in die Kommission berufen werden[7]).

§ 4.

Nach Prüfung der Vorlagen durch die Kommission erstattet der Vorsitzende an das Abteilungskollegium einen schriftlichen Bericht, welcher nebst der Dissertation und den von dem Referenten und dem Korreferenten abgefaßten Gutachten über dieselbe bei sämtlichen Mitgliedern des Abteilungskollegiums in Umlauf zu setzen ist. Hierauf entscheidet das Kollegium in einer Sitzung über die Annahme der Dissertation und bestimmt bei günstigem Ausfall die Zeit für die mündliche Prüfung.

Der Restbetrag der Prüfungsgebühr ist vor der mündlichen Prüfung zu entrichten.

§ 5.

Zu der mündlichen Prüfung sind einzuladen: das vorgeordnete Ministerium bezw. dessen ständiger Kommissar, Rektor und Senat[8]), sowie sämtliche Professoren und Dozenten der beteiligten Abteilung. Außerdem hat jeder Lehrer einer Deutschen Technischen Hochschule oder Universität zu derselben Zutritt.

Die mündliche Prüfung, welche mit jedem Bewerber einzeln vorzunehmen ist, wird von dem Vorsitzenden geleitet. Sie muß mindestens eine Stunde dauern und erstreckt sich, ausgehend von dem in der Dissertation behandelten Gegenstand über das betreffende Fachgebiet.

§ 6.

Unmittelbar nach beendeter Prüfung entscheidet das Abteilungskollegium auf den Bericht der Prüfungskommission in einer Sitzung darüber, ob und mit welchem der drei Prädikate:

»Bestanden«,

»Gut bestanden«,

»Mit Auszeichnung bestanden«

der Bewerber als bestanden zu erklären und die Erteilung der Würde eines Doktor-Ingenieurs an ihn bei Rektor und Senat zu beantragen ist. Der Senat[8]) faßt in seiner nächsten Sitzung über den Antrag des Abteilungskollegiums Beschluß.

§ 7.

Der Beschluß des Senates[8]) wird dem Bewerber durch den Rektor mitgeteilt. Das Doktor-Ingenieur-Diplom wird ihm jedoch erst ausgehändigt, nachdem er 200 Abdrücke der als Dissertation anerkannten Schrift eingereicht hat. Vor der Aushändigung des Diploms hat er nicht das Recht, sich Doktor-Ingenieur zu nennen.

[7]) Darmstadt: § 3. »Das Gesuch ist vom Rektor dem Kleinen Senat vorzulegen und sodann, falls sich keine Bedenken ergeben, an das Kollegium derjenigen Abteilung zu überweisen« usw. bis: »zu bestellen«.

»In besonderen Fällen kann auch ein Professor einer anderen Abteilung in die Kommission berufen werden.«

[8]) Darmstadt: Kleiner Senat.

Die eingereichten Abdrücke müssen ein besonderes Titelblatt tragen, auf dem die Abhandlung unter Nennung der Namen des Referenten und des Korreferenten ausdrücklich bezeichnet ist als: von der Technischen Hochschule zu . . . zur Erlangung der Würde eines Doktor-Ingenieurs genehmigte Dissertation.

§ 8.

Das Doktor-Ingenieur-Diplom nach dem in Anlage I enthaltenen Muster wird im Namen von Rektor und Senat ausgestellt und von dem Rektor eigenhändig unterzeichnet. Ein Abdruck des Diploms wird 14 Tage lang am schwarzen Brett des Senates ausgehängt.

Die erfolgten Promotionen werden nach Maßgabe des in der Anlage II enthaltenen Musters halbjährlich im Reichsanzeiger veröffentlicht.

§ 9.

Die Hälfte der Prüfungsgebühr wird nach Abzug der erwachsenen sächlichen Kosten (z. B. der aus § 8, Abs. 1 erwachsenen Auslagen, der Vergütungen für Bureauarbeiten und sonstige Dienstleistungen) zu einer Kasse für allgemeine Zwecke der Hochschule (z. B. Hilfskassen, studentische Krankenkasse, Unterstützung von Studienveröffentlichungen und sonstigen wissenschaftlichen Arbeiten von Studierenden, Ehrenausgaben usw.), welche zur Verfügung des Senates [9]) steht, vereinnahmt. Die andere Hälfte der Gebühr wird unter die Mitglieder der Prüfungskommission nach einer vom Senat zu erlassenden allgemeinen Anordnung verteilt.

§ 10.

Bedürftigen und besonders würdigen Bewerbern kann der zweite Teilbetrag (§ 4, letzter Absatz) der Prüfungsgebühr auf Vorschlag der Abteilung vom Senat [8]) erlassen werden.

§ 11.

Von dem Nichtbestehen der Prüfung oder von der Abweisung eines Bewerbers ist sämtlichen Deutschen Technischen Hochschulen vertraulich Mitteilung zu machen.

Eine abermalige Bewerbung ist nur einmal und nicht vor Ablauf eines Jahres zulässig. Dies gilt auch, wenn die erste erfolglose Bewerbung an einer anderen Hochschule stattgefunden hat.

War die erste Bewerbung an der nämlichen Hochschule erfolgt, und war bei derselben die Dissertation angenommen worden, aber die mündliche Prüfung ungünstig ausgefallen, so ist nur die letztere zu wiederholen und nur der zweite Teilbetrag der Prüfungsgebühr nochmals zu entrichten.

§ 12.

In Anerkennung hervorragender Verdienste um die Förderung der technischen Wissenschaften kann auf einstimmigen Antrag einer Abteilung durch Beschluß von Rektor und Senat [9]) unter Benachrichtigung der übrigen Deutschen Technischen Hochschulen die Würde eines Doktor-Ingenieurs ehrenhalber als seltene Auszeichnung verliehen werden.

[9]) **Darmstadt:** Großer Senat.

2. Königl. Bayerische Technische Hochschule zu München.
Promotionsordnung für die Erlangung der Doktorwürde.
Vom 10. Januar 1901.

§ 1.

Die Erteilung der Würde eines Doktors der technischen Wissenschaften[1]) ist an folgende, von dem Bewerber zu erfüllende Bedingungen geknüpft:

1. Die Beibringung des Reifezeugnisses eines deutschen Gymnasiums oder Realgymnasiums oder einer bayerischen Industrieschule oder einer deutschen Oberrealschule.

   Welche Reifezeugnisse noch sonst als gleichwertig mit den vorbezeichneten Reifezeugnissen zuzulassen sind, wird durch das Kgl. Staatsministerium des Innern für Kirchen- und Schulangelegenheiten bestimmt.

2. Den Ausweis über die erfolgreiche Ablegung einer Diplomprüfung nach Maßgabe der Bestimmungen, welche das K. Staatsministerium des Innern für Kirchen- und Schulangelegenheiten hierüber erlassen wird. Sofern eine Diplomprüfung nicht vorgesehen ist, tritt an deren Stelle der Nachweis erfolgreicher Ablegung der einschlägigen Staatsprüfung beziehungsweise Lehramtsprüfung[2]).

   Über die etwaige Gleichstellung sonstiger Prüfungen wird von dem K. Staatsministerium des Innern für Kirchen- und Schulangelegenheiten weitere Verfügung getroffen.

3. Die Einreichung einer in deutscher Sprache abgefaßten wissenschaftlichen Abhandlung (Dissertation), welche die Befähigung des Bewerbers zum selbständigen wissenschaftlichen Arbeiten dartut und einem der an der Technischen Hochschule behandelten Lehrgegenstände entnommen sein muß, insoweit diese den technischen Wissenschaften angehören oder als Grundlagen oder Hilfsdisziplinen derselben erscheinen.

   Eine Diplomarbeit kann nicht als Doktordissertation verwendet werden.

4. Die Ablegung einer mündlichen Prüfung.

5. Die Entrichtung einer Prüfungsgebühr von 240 Mk.

§ 2.

Das Gesuch um Verleihung der Doktorwürde ist schriftlich an das Direktorium der Technischen Hochschule zu richten. Dem Gesuch sind beizufügen:

a) Ein Abriß des Lebens- und Bildungsganges des Bewerbers.

b) Die Schriftstücke, durch welche der Nachweis der Erfüllung der in § 1 Ziffer 1 und 2 genannten Bedingungen zu erbringen ist.

c) Die druckfertige Dissertation mit der eidesstattlichen Erklärung, daß der Bewerber sie, abgesehen von den von ihm zu bezeichnenden Hilfsmitteln, selbständig verfaßt hat.

d) Ein amtliches Führungszeugnis.

Gleichzeitig ist die Hälfte der Prüfungsgebühr an die Kasse der Hochschule einzuzahlen.

---

[1]) Für die Abteilungen der Bauingenieure, der Architekten, der Maschineningenieure und der Chemiker zugleich mit der Befugnis der Führung des Titels »Doktoringenieur«.

[2]) Diplomprüfungen bestehen für das Bauingenieur-, Architektur-, Maschineningenieur-, Elektroingenieur-, das chemisch-technische, landwirtschaftliche, das Kulturingenieur- und das Vermessungs-Fach und schließlich für den Zolldienst.

§ 3.

Das Direktorium überweist das Gesuch, falls sich keine Bedenken ergeben, an das Kollegium derjenigen Abteilung, in deren Lehrgebiet der in der Dissertation behandelte Gegenstand vorzugsweise einschlägt, mit dem Auftrage, aus seiner Mitte eine Prüfungskommission mit einem Vorsitzenden, einem Referenten und einem Korreferenten zu bestellen. In besonderen Fällen kann auch ein Dozent, welcher dem Abteilungskollegium nicht angehört oder ein Professor oder Dozent einer anderen Abteilung in die Kommission berufen werden.

§ 4.

Nach Prüfung der Vorlagen durch die Kommission erstattet der Vorsitzende an das Abteilungskollegium einen schriftlichen Bericht, welcher nebst der Dissertation und den von dem Referenten und dem Korreferenten abgefaßten Gutachten über die Dissertation bei sämtlichen Mitgliedern des Abteilungskollegiums in Umlauf zu setzen ist. Hierauf entscheidet das Kollegium in einer Sitzung über die Annahme der Dissertation und bestimmt bei günstigem Ausfall die Zeit für die mündliche Prüfung.

Der Restbetrag der Prüfungsgebühr ist vor der mündlichen Prüfung zu entrichten.

§ 5.

Zu der mündlichen Prüfung sind das Direktorium und sämtliche Professoren und Dozenten der beteiligten Abteilung einzuladen.

Außerdem hat jeder Lehrer einer Deutschen Technischen Hochschule oder Universität zu derselben Zutritt.

Die mündliche Prüfung, welche mit jedem Bewerber einzeln vorzunehmen ist, wird von dem Vorsitzenden geleitet. Sie muß mindestens eine Stunde dauern und erstreckt sich, ausgehend von dem in der Dissertation behandelten Gegenstande über das betreffende Fachgebiet.

§ 6.

Unmittelbar nach beendeter Prüfung entscheidet das Abteilungskollegium auf den Bericht der Prüfungskommission in einer Sitzung darüber, ob und mit welchem der drei Prädikate:

Bestanden,

Gut bestanden,

Mit Auszeichnung bestanden

der Bewerber die Prüfung bestanden hat und die Erteilung der Würde eines Doktors der technischen Wissenschaften (Doktoringenieurs) an ihn bei dem Direktorium zu beantragen ist. Letzteres faßt in seiner nächsten Sitzung über den Antrag des Abteilungskollegiums Beschluß.

§ 7.

Der Beschluß des Direktoriums wird dem Bewerber durch den Direktor mitgeteilt. Das Doktordiplom wird ihm jedoch erst ausgehändigt, nachdem er 200 Abdrücke der als Dissertation anerkannten Schrift eingereicht hat. Vor der Aushändigung des Diploms hat er nicht das Recht, sich Doktor der technischen Wissenschaften beziehungsweise Doktoringenieur zu nennen.

Die eingereichten Abdrücke müssen ein besonderes Titelblatt tragen, auf dem die Abhandlung unter Nennung der Namen des Referenten und des Korreferenten ausdrücklich bezeichnet ist als: Von der Technischen Hochschule zu München zur Erlangung der Würde eines Doktors der technischen Wissenschaften (Doktoringenieurs) genehmigte Dissertation.

Auf Antrag des Abteilungskollegiums kann das Direktorium verlangen, daß der Bewerber vor der Veröffentlichung Änderungen in seiner Arbeit vornehme.

§ 8.

Das Doktordiplom wird im Namen des Direktoriums ausgestellt und von dem Direktor eigenhändig unterzeichnet.

Ein Abdruck desselben wird 14 Tage lang am schwarzen Brett des Direktoriums ausgehängt.

Außerdem wird der Name des Promovierten halbjährlich im Ministerialblatt für Kirchen- und Schulangelegenheiten und jährlich im Reichsanzeiger veröffentlicht.

§ 9.

Wegen der Verwendung der Prüfungsgebühr bleibt weitere Bestimmung vorbehalten.

§ 10.

Bedürftigen und besonders würdigen Bewerbern kann der zweite Teilbetrag der Prüfungsgebühr auf Vorschlag der Abteilung ausnahmsweise vom Direktorium erlassen werden.

§ 11.

Von dem Nichtbestehen der Prüfung oder von der Abweisung eines Bewerbers ist sämtlichen Technischen Hochschulen des Deutschen Reiches Mitteilung zu machen.

Eine abermalige Bewerbung ist nur einmal und nicht vor Ablauf eines Jahres zulässig. Dies gilt auch, wenn die erste erfolglose Bewerbung an einer anderen Hochschule stattgefunden hat.

War die erste Bewerbung an der Münchener Hochschule erfolgt, und war bei derselben die Dissertation angenommen worden, aber die mündliche Prüfung ungünstig ausgefallen, so ist nur die letztere zu wiederholen und nur der zweite Teilbetrag der Prüfungsgebühr nochmals zu entrichten.

§ 12.

An Männer, die sich um die Förderung der technischen Wissenschaften hervorragende und allgemein anerkannte Verdienste erworben haben, kann auf einstimmigen Antrag einer Abteilung durch einstimmigen Beschluß des Direktoriums unter Benachrichtigung der übrigen Hochschulen des Deutschen Reiches die Würde eines Doktors der technischen Wissenschaften ehrenhalber als seltene Auszeichnung verliehen werden.

9*